BIBLIOTHEQUE MORALE

DE

LA JEUNESSE

1ʳᵉ SÉRIE GRAND IN-12

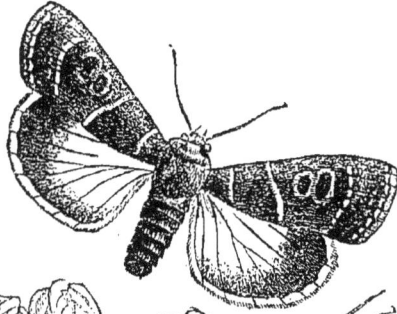

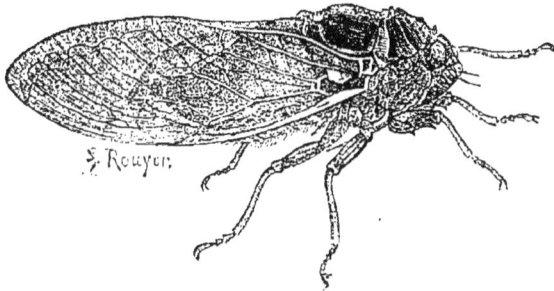

PAPILLON — CHENILLE — GRILLON.

ÉTUDE

DE

LA NATURE

PAR A. FONTAINE

Nouvelle édition revue et corrigée par F. P.

ROUEN

MÉGARD ET Cᵉ, LIBRAIRES-ÉDITEURS

1879

Propriété des Éditeurs,

ÉTUDE

DE LA NATURE.

INTRODUCTION.

— Nous voici donc enfin arrivées à la campagne,
ma chère Charlotte, dit Mme Dormeuil à sa fille ; et,
puisque nous sommes si bien disposées à faire ensemble de petites promenades pour fortifier notre
santé par un exercice agréable, j'ai pensé qu'il serait
facile de les faire servir également à étendre nos connaissances. Il n'est pas un seul objet sur la terre qui
ne puisse offrir autant d'instruction que d'agrément,
lorsqu'on sait l'examiner avec soin ; et je suis per-
suadée que nous sentirons bientôt, par nos obser-
vations, que rien n'a été fait en vain dans la nature.

Henri, votre frère, n'est encore qu'un bien petit garçon, il est vrai ; mais il est plein d'intelligence et doué d'une heureuse mémoire. J'espère qu'il sera en état de comprendre beaucoup de choses dont nous aurons occasion de parler. C'est pourquoi j'ai le projet de le mettre de la partie. Oh ! je meurs d'envie de le voir aujourd'hui. Il vient de quitter les premiers habillements de l'enfance, et j'ose croire qu'il est déjà tout fier de cette métamorphose. Mais qui vient donc à nous ? Votre servante, monsieur ! Comment ! c'est vous, Henri ? Comme vous voilà leste et pimpant ! Je ne pouvais deviner quel était ce petit-maître que je voyais s'avancer d'un air si délibéré. Maintenant que vous êtes habillé comme un homme, je me flatte que vous commencez à imaginer que vous en êtes un en effet. Mais, quoique vous sachiez déjà lire assez joliment, fouetter une toupie, et pousser une balle, je vous assure qu'il vous reste encore beaucoup de choses à apprendre. Je serai charmée de vous faire part de tout ce que je sais. Nous allons, votre sœur et moi, faire un petit tour de promenade dans les champs. Seriez-vous fâché de venir avec nous ? Bon ! je vois à votre mine que vous ne demandez pas mieux, n'est-ce pas ?

Vous vous souvenez, mes chers enfants, que, dans

notre petite course d'hier au soir, je vous fis observer une grande variété de plantes et de fleurs. Je vous montrai les troupeaux qui couvraient les pâturages, et les oiseaux qui voltigeaient de branche en branche sur les buissons. Je vous dis le nom de tout ce qui frappait nos regards. Mais il y a un plus grand nombre de choses agréables à connaître à leur sujet. Mon dessein est de commencer à vous en instruire aujourd'hui, tout en nous promenant. Charlotte va se disposer à cette expédition ; ainsi prenez votre chapeau, mon petit Henri. Nous irons d'abord dans la prairie, où je suis sûre qu'il se présentera bientôt quelque chose digne de notre curiosité.

LA PRAIRIE.

Eh bien ! mes petits amis, qu'en dites-vous ? N'est-ce pas un endroit charmant ? Quel air de fraîcheur on y respire ! Comme l'herbe en est épaisse et verdoyante ! Et de combien de jolies fleurs elle est émaillée !

Je n'ai pas besoin de vous dire quel est l'usage de cette herbe, qu'on appelle ordinairement gazon ; vous avez vu si souvent les vaches, les chevaux et les brebis s'en repaître ! Mais ils ne la mangent pas toute sur la prairie ; on leur réserve certains quartiers pour le pâturage, et on les éloigne des autres aussitôt que l'herbe commence à grandir. Elle n'atteint sa parfaite maturité qu'au mois de juin ; ce que l'on reconnaît par la couleur jaune qu'elle prend. Alors les faucheurs la coupent avec un instrument de fer recourbé, qu'on nomme une faux. Ensuite viennent des faneurs qui la tournent et la retournent avec des fourches de bois, en l'étalant sur la terre pour la faire sécher au soleil. Elle prend alors le nom de foin. Dès que le foin a perdu toute son humidité, et qu'il n'y a plus de danger qu'il se gâte, on le ramasse avec des râteaux, et on l'emporte, sur des chariots, dans la cour de la ferme, où il est entassé en grands monceaux, qu'on appelle meules.

C'est de ces meules énormes que l'on tire le foin pour le lier en milliers de bottes, et le donner aux chevaux que l'on tient dans l'écurie. Il sert aussi dans l'hiver à nourrir les troupeaux ; car alors il y a bien peu de gazon pour eux sur la terre, et encore moins lorsqu'elle est couverte de neige. Tout cela vient de petites graines qui ne sont pas plus grosses que des têtes d'épingles; et les graines sont venues des fleurs que vous pouvez remarquer à présent à l'extrémité de la tige.

Dans une prairie où l'on fauche le foin, il se détache toujours un grand nombre de graines, qui, l'année suivante, produisent le gazon; mais si l'on veut faire une prairie dans une pièce de terre neuve, il faut recueillir les graines pour les semer.

Ces jolies fleurs dont vous venez de faire un bouquet, Charlotte, viennent également de graines qui se trouvaient mêlées parmi celles du foin. Voilà des marguerites, des coquelicots et des reines-des-prés. Ces fleurs sont bonnes pour les troupeaux, et servent à donner un goût agréable au gazon. Il y en a même qui sont médicinales, c'est-à-dire bonnes à composer des remèdes pour une infinité de maladies auxquelles nous sommes sujets.

Ne pensez-vous pas, Henri, que le gazon, dont la douce verdure embellit tant les campagnes, est en même temps une production bien utile? Je suis sûre que les pauvres troupeaux le diraient encore mieux que nous, s'ils étaient en état de parler. Ils n'ont pas de cuisinier pour préparer leurs repas; ils ne peuvent pas même faire comprendre ce qui leur est nécessaire.

Mais Dieu a su pourvoir à leurs besoins. Vous voyez que leur nourriture s'étend sous leurs pieds, et qu'ils n'ont qu'à se baisser pour la prendre. S'il en coûte à l'homme des soins légers pour la faire venir, c'est bien le moins qu'il donne quelques-uns de ses moments à ces utiles animaux, dont les uns lui épargnent tant de fatigues, et dont les autres le vêtent de leur laine et le nourrissent de leur chair.

LE CHAMP DE BLÉ.

Maintenant nous allons prendre congé de la prairie, et faire un tour dans le champ de blé. Il y en a de plusieurs espèces. Celui-ci est du froment. Je le reconnais à la hauteur de ses tiges. J'espère que nous en aurons une abondante récolte. Elle sera bonne à recueillir dans le mois d'août, qu'on appelle le mois des moissons. J'ai mis dans ma poche un épi de l'année dernière pour vous montrer tout ce que ceci produira. Froissez-le dans vos mains, Henri. Bon !

Soufflez à présent les barbes, et donnez-moi un des grains. Voilà ce qu'on appelle un grain de froment. Vous voyez qu'il y a plusieurs grains dans un épi. Eh bien ! regardez maintenant le pied, vous verrez qu'il vient quelquefois plusieurs tiges, et par conséquent plusieurs épis d'une seule racine; et cependant toute cette racine provient d'un seul grain qu'on a semé à la fin de l'automne.

Cette semence n'a pas été jetée au hasard et sans beaucoup de soins particuliers. On avait commencé par ouvrir la terre en sillons quelques mois auparavant avec ce fer tranchant que je vous ai fait remarquer au-dessous de la charrue. Elle est restée en repos tout l'été, et s'est bien pénétrée du fumier qu'on avait répandu sur les guérets pour l'engraisser, puis on l'a de nouveau labourée. Enfin, vers le milieu de l'automne, un homme est venu dans chaque sillon y répandre des grains, et tout de suite, avec sa herse, il les a recouverts de terre.

Ces grains étant enflés et ramollis par l'humidité, il en est sorti par en bas de petites racines, qui se sont accrochées dans le sein de la terre; et par en haut, de petits tuyaux qui ont percé sa surface en plusieurs endroits, de la manière que vous pouvez le remarquer. Ces tuyaux, montés en haute tige, ont produit les épis dont chacun renferme à peu près vingt grains ; en sorte que si vous comptez d'après ce calcul tout le produit des grains dont la semence a réussi, vous trouverez qu'il peut en être venu vingt fois autant que l'on en a mis dans la terre. Les épis cachés encore dans ces tiges se développeront peu à peu, mûriront au soleil, et ressembleront à celui que vous venez de froisser. Alors on coupera par le pied, avec une faucille, les tiges de paille qui les supportent, on les liera en paquets, appelés gerbes, pour les emporter dans la grange, on les battra avec un fléau, et on vannera le grain pour en séparer les matières étrangères. On enverra celui-ci au meunier pour le moudre en farine sous la grosse meule de son moulin à eau ou à vent. Ensuite la farine sera vendue au boulanger pour en faire du pain, et au pâtissier pour en faire des biscuits et des pâtés.

Imaginez, mes amis, quelle immense quantité de blé on doit semer tous les ans pour fournir du pain à tant de milliers d'hommes. Le pain est l'aliment le plus sain et le moins cher qu'on puisse se procurer. Il y a beaucoup de pauvres gens qui n'ont guère d'autre nourriture, et qui même n'en ont pas toujours.

Le blé ne viendrait pas, comme le foin, sans être semé avec soin, parce que le grain en est plus gros, et doit être enfoncé plus profondément dans la terre. Je vous ai dit tout à l'heure les divers travaux que demandaient les semailles.

Voici une autre espèce de grain qu'on appelle de l'orge. Je vous en ai aussi apporté un épi, pour vous le faire distinguer du froment. Voyez-vous comme il a des barbes longues et aiguës? Gardez-vous bien, Henri, de le mettre dans la bouche; car il s'arrêterait à votre gosier et vous étoufferait.

L'orge est semée et recueillie de la même manière que le froment; mais elle ne fait pas de si bon pain. Elle est cependant fort utile. Les fermiers la vendent par boisseaux à des marchands qui la font tremper dans l'eau pour la faire germer. Alors on la sèche sur de la cendre chaude, et elle prend le nom de drèche. On y verse une grande quantité d'eau, puis on y mêle du houblon, qui lui donne un goût agréable d'amertume, et l'empêche de s'aigrir. Enfin, en chauffant ce mélange, on en fait de la bière, cette liqueur forte et nourrissante qui fait la boisson ordinaire dans plusieurs pays où l'on ne récolte pas de vin. L'orge est aussi fort bonne pour nourrir les dindes, les poules, et d'autres oiseaux de basse-cour.

Je vous ai parlé du houblon. Il croît dans les champs qu'on appelle houblonnières. Sa tige monte

le long des perches qu'on lui donne pour la soutenir.
Ses fleurs, d'un jaune pâle, font un effet charmant
dans la campagne. Quand ses graines sont mûres, on les
sèche, on en fait des monceaux, et on les vend aux
brasseurs.

Dans ce champ pousse de l'avoine. Vous avez vu
souvent le palefrenier en donner aux chevaux pour les
rendre plus vigoureux. C'est comme un dessert qu'on
leur présente après le foin.

Voici du seigle; il sert à faire le pain bis que
mangent les pauvres. On le mêle quelquefois avec du
froment, et il donne alors du pain d'un goût assez
bon.

Le blé de Turquie est bien différent de notre blé.
Sa tige est comme celle d'un roseau, avec plusieurs
nœuds. Elle monte à la hauteur d'un mètre cinquante
centimètres environ. Entre les jointures du haut de la
tige sortent des épis de la grosseur de votre bras;
ils renferment un grand nombre de grains jaunes ou
rougeâtres, à peu près de la forme d'un pois aplati.
La volaille en est très-friande. On le cultive avec
succès dans quelques provinces de France, surtout
dans les landes de Bordeaux, où il sert à la nourriture
des pauvres; mais c'est principalement dans les pays
chauds que sa culture est répandue.

Vous connaissez aussi bien que moi le millet que l'on donne aux oiseaux. Il vient, en forme de longues grappes, sur des tiges plus courtes et plus menues que celles du froment. Cuite avec du lait, la farine en est excellente.

Je vous ferais venir l'eau à la bouche, si je vous parlais du riz que l'on prépare aussi avec du lait. Mais croiriez-vous qu'il a besoin d'être le pied dans l'eau pour croître et pour mûrir? C'est le riz qui nourrit toutes les populations de l'Inde et de la Chine.

Dans les pays où la terre n'est pas propre à produire du grain, les pauvres habitants sont réduits à se nourrir de fruits, de racines, de gâteaux de pommes de terre, ou d'une pâte de marrons cuits au four. On est même quelquefois obligé, dans les pays les plus fertiles, d'avoir recours à ces tristes aliments, lorsqu'il survient des années de stérilité. Deux bons citoyens, MM. Parmentier et Cadet de Vaux, ont enseigné la meilleure manière de les préparer.

Quelles grâces, mes enfants, nous devons rendre à Dieu, nous qui n'avons jamais éprouvé ces cruels besoins! J'espère que vous serez touchés de cette réflexion, et que vous vous ferez un devoir de ne jamais gaspiller ce qui ferait la joie de tant de malheureux. Les miettes même que vous laissez tomber, si elles étaient ramassées, pourraient fournir un bon repas à un petit oiseau, et le rendre joyeux pour toute la journée. Comme il s'empresserait de les partager entre ses petits, qui ouvrent inutilement leurs becs, tandis que leurs parents volent au loin pour leur chercher quelque nourriture !

J'étais bien fâchée hier au soir contre vous, Henri, lorsque vous faisiez des boulettes de pain pour les jeter à votre sœur. J'ose croire que vous ne le ferez plus, maintenant que je vous ai fait connaître le prix de ce présent inestimable du ciel. J'ai vu des personnes qui avaient gâté du pain pendant leur enfance, pleurer dans un âge avancé faute d'en avoir un morceau.

LA VIGNE.

Vous avez bu quelquefois du vin de Champagne et de Bourgogne, sans vous embarrasser de la manière dont il se faisait. Entrons dans ce vignoble. Eh bien ! Henri, croiriez-vous jamais que c'est de ces petites souches tortues que nous vient la douce liqueur qui nous fait tant de plaisir dans nos repas? Vous connaissez le raisin? Voyez déjà la grappe qui commence à se former. Ces grains, qui ne sont encore que du verjus, s'enfleront peu à peu, et seront mûrs vers le milieu de l'automne. Vous en verrez la récolte, qu'on appelle vendange ; mais je suis bien aise, en attendant, de vous en donner une idée.

Dès le matin, les vendangeuses se répandent dans la vigne, coupent le raisin, et en remplissent leurs paniers. Un homme vient prendre ceux-ci à mesure qu'ils sont pleins, et va les vider dans des tonneaux défoncés par un bout et placés sur une charrette ; on emporte les tonneaux à un endroit nommé pressoir, où des hommes foulent les grappes sous leurs pieds. On recueille la liqueur qui découle des grappes écrasées, et on la verse dans de grandes cuves ou de petits tonneaux, où elle se purifie d'elle-même, en fermentant, jusqu'à ce qu'elle devienne bonne à boire.

Le temps des vendanges est un temps continuel de plaisirs et de fêtes. Il faut entendre, pendant le travail, les chansons rustiques des vendangeuses. Il faut les voir à la fin de la journée danser gaîment dans la cour, et les maîtres se mêler souvent à leurs repas et à leurs danses. Tout y respire un air de joie et d'innocente liberté.

Le vin, pris avec modération, est très-bon pour
l'estomac, et le fortifie ; mais, lorsqu'on en boit avec
excès, il produit des vapeurs qui troublent la raison
et rabaissent l'homme au niveau de la brute stupide.
Vous avez vu quelquefois des ivrognes, et vous vous
souvenez encore de la juste horreur qu'ils vous ont
inspirée.

LES LÉGUMES ET LES HERBAGES.

Voudriez-vous me suivre pour voir ce qui croît dans
le champ voisin? Je crois que ce sont des navets. En
effet, je ne me suis pas trompée. Cette racine, lorsqu'elle est cuite avec du mouton, fait, comme vous le
savez, d'excellents ragoûts. On en sème une grande
quantité chaque année pour notre table ; on en donne
aussi aux vaches pour ménager le foin, et parce que
d'ailleurs elle leur fait avoir une grande abondance
de lait.

Les pommes de terre, les raves, les oignons, les

radis, les carottes, les panais, et plusieurs autres
légumes que vous connaissez à merveille, croissent,
comme les navets, sous terre. D'autres, tels que les
artichauts, les pois, les fèves, les lentilles et les hari-
cots, croissent au-dessus. Vous en cultivez vous-
mêmes dans votre petit jardin; ainsi ce serait plutôt à
moi de recevoir vos instructions sur ce chapitre.

Je crois aussi n'avoir rien à vous apprendre sur les
herbages et les plantes qui viennent dans le potager,
comme les choux, les choux-fleurs, les asperges, les
laitues, la chicorée, les melons, les concombres, les
citrouilles, et une infinité de légumes agréables au
goût, et très-bons pour la santé. Tout cela se cultive
sous vos yeux; et, par les questions que je vous ai déjà
entendus faire à Mathurin, je vous suppose complète-
ment instruits sur cet article.

LE CHANVRE ET LE LIN.

Voyez-vous là-bas ces deux grandes pièces de terre

couvertes d'une si belle verdure? L'une est du chanvre,
l'autre du lin. Les tiges de ces plantes, après qu'elles
ont été battues et bien préparées, forment la filasse
que vous avez vu filer à la vieille Suzon. Le fil de
chanvre sert à faire le linge de corps et de ménage.
Le fil de lin, qui est d'une plus belle qualité, se réserve
pour la toile de batiste. On l'emploie aussi pour faire
de la dentelle et du filet. Votre fourreau, Charlotte,
votre chemise et vos manchettes, Henri, croissaient
autrefois dans les champs.

J'oubliais de vous dire que la filasse de chanvre sert
encore pour toute espèce de câbles, de cordes et de
ficelles.

On a essayé, en quelques endroits, de tirer parti de
ces vilaines orties qui piquent si bien les passants ; et
l'on en fait un fil grossier, mais très-fort, utilisé pour
faire des cordes et qui pourrait servir à faire des toiles
communes. Après le fanage, les orties ne sont plus
piquantes, elles sont bonnes pour les bestiaux et
souvent mêlées à la nourriture des dindonneaux. Leurs
graines sont recherchées par la volaille, et leurs
jeunes pousses sont, dans quelques pays, mangées en
guise d'épinards.

LE COTON.

—

Au défaut de ces plantes, on cultive le coton dans quelques îles de l'Amérique, et surtout dans les grandes Indes. C'est d'abord un duvet léger, qui entoure les graines d'un arbrisseau appelé cotonnier. Le fruit qui les renferme en plusieurs petites loges, est à peu près de la grosseur d'une noix, et s'ouvre en mûrissant. Alors on les cueille; et le coton, séparé des graines et du fruit, devient, après quelques préparations, cette espèce de filasse douce et blanche dont vous m'avez vue mettre quelquefois de petits tampons dans mes oreilles et dans mon écrin. La partie la plus grossière se file en gros brins pour les mèches de nos lampes et de nos bougies. Le reste, filé en brins presque aussi déliés que vos cheveux, s'emploie pour la fabrique des basins, des mousselines et des toiles de coton.

Vous voyez, mes chers amis, quelle variété de maté-riaux nous a fournie la Providence, et comme le génie de l'homme a su les employer à des objets d'agrément ou d'utilité. L'écorce même des arbres, par un travail et une adresse incroyables, se convertit en étoffes précieuses sous les doigts de ces sauvages qui nous paraissent si ignorants. Je me souviens de vous avoir montré des ouvrages en plumes et en réseau, dont ils se parent dans leurs fêtes, et d'avoir admiré avec vous leur patience et la légèreté de leur travail.

LES HAIES.

—

Ne sentez-vous pas une odeur bien douce? Regardez à travers la haie, Henri, et voyez si vous pourrez découvrir ce qui la produit. Ah! Charlotte, quelles jolies roses sauvages votre frère vient de cueillir! Comment donc! un brin d'aubépine aussi! Ce brin est bien précieux! C'est peut-être le seul qu'on pourrait trouver, car tout le reste est défleuri. Quel charme, au printemps, de respirer des parfums délicieux jusque sur les buissons et sur les ronces! Ces plaisirs viennent de passer pour nous ; mais ceux des petits oiseaux vont commencer. Ils trouveront bientôt dans ces broussailles des fruits pour se nourrir, même pendant l'hiver.

Le fermier plante des haies autour de son domaine, pour empêcher les voyageurs et les animaux d'aller au travers de ses champs, où ils pourraient causer beaucoup de dommage. Elles lui servent aussi à distinguer sa terre de celle de son voisin. Les troupeaux y trouvent dans l'été un ombrage contre les ardeurs du midi, et, dans l'hiver, un abri contre le souffle glacé du nord.

LES ARBRES DE HAUTE FUTAIE.

Le beau chêne que voilà, mes amis ! Comme son ombrage s'étend à propos pour nous garantir des traits du soleil ! Voyez quel nombre infini de glands attachés à ses branches ! Vous savez bien quel est l'animal qui se régale de ce fruit ; mais ne pensez pas que le chêne

majestueux ne soit bon à autre chose qu'à lui fournir
des provisions. Il est d'un plus grand usage pour nous,
ainsi que je vous le dirai tout à l'heure. Mais laissez-
moi d'abord contempler un moment cet arbre superbe.
Je ne puis me rassasier de le voir. Avec quelle fierté
sa tête s'élève dans les airs! Et sa tige! trois hommes,
en se tenant par la main, ne sauraient l'embrasser.
Il pousse chaque année des milliers de rameaux et des
millions de feuilles. Il a de grandes racines qui s'en-
foncent bien avant dans la terre, et qui s'étendent au
loin autour de lui. Elles le soutiennent contre les vio-
lentes tempêtes que son front est obligé d'essuyer.
C'est aussi par ces racines que la terre le nourrit, et
entretient la fraîcheur et la vie dans tous ses membres
énormes.

Eh bien! Henri, n'est-ce pas une chose admirable que ce grand arbre soit sorti d'une petite semence? Regardez, en voici un tout jeune. Il est si
petit, Charlotte, que vous aurez la force de l'arracher
vous-même. Tenez, voyez-vous? voilà le gland encore
attaché à sa racine. C'est pourtant ainsi que sont venus
tous les arbres qui peuplent cette belle forêt que nous
traversâmes l'autre jour dans notre voyage. Ce chêne
seul, si tous ses glands avaient été recueillis chaque
année et plantés avec soin, aurait déjà pu suffire à

couvrir de ses enfants et de ses petits-enfants la face entière de la terre.

Lorsque le chêne, ou les autres arbres qu'on appelle aussi de haute futaie, tels que le frêne, l'ormeau, le sapin, le châtaignier, le noyer, etc., seront parvenus au terme de leur croissance, un bûcheron viendra les couper par le pied avec sa cognée. On dépouillera le tronc de ses branches, et les scieurs le scieront en différents morceaux pour en faire des madriers propres à la construction des vaisseaux, des poutres pour les maisons, ou des planches pour les uns et les autres, ainsi que pour différentes sortes de meubles et de machines. Les grosses branches les plus droites seront réservées pour les solives ; celles qui sont crochues, pour les bûches ; les branchages, pour les fagots ; enfin, les racines donneront les souches que l'on brûle aussi dans nos foyers.

Vous voyez par là de quelle utilité les arbres sont pour nous dans toutes leurs parties. Mon petit Henri lui-même trouverait d'autres avantages que nous tirons des arbres ; car ils nous servent à faire des toupies, des sabots, des battoirs, etc. Il n'est pas même jusqu'à leur écorce dont on sait faire un usage utile pour les teintures, et pour tanner le cuir de vos souliers.

Un autre avantage de ces arbres, c'est qu'ils

croissent facilement, ne demandent que quelques soins
et nous donnent gratuitement l'aspect de leur belle
verdure et la fraîcheur de leur ombrage. Voyez comme
les petits oiseaux se reposent en chantant sur leurs
branches ! Combien ils doivent être contents la nuit de
trouver un abri sous leurs feuilles ! Nous-mêmes, si
une pluie abondante venait à tomber, ne serions-nous
pas heureux de nous y mettre à couvert? pourvu
cependant qu'il n'y eût pas d'apparence d'orage ; car,
dans les orages, la foudre tombe souvent sur les
arbres, ce qui rend alors leur approche très-dange-
reuse.

Lorsqu'il y a plusieurs arbres rassemblés sur une
vaste étendue de terrain, cet endroit s'appelle forêt ou
bois, suivant sa plus ou moins grande étendue. Si cet
endroit est fermé de clôtures ou dépend d'un château,
on l'appelle parc. Les bosquets ou bocages sont de
petits bois.

LES BOIS TAILLIS.

—

Les arbres dont nous venons de parler forment ce qu'on appelle un bois taillis, lorsqu'on les coupe avant qu'ils soient parvenus à leur hauteur naturelle. Des rejetons ou cépées poussent sur les vieilles racines qu'on laisse en terre. On les coupe, les uns pour le chauffage, les autres pour servir d'échalas à la vigne, ou pour faire les cercles des cuves et des tonneaux. Cette récolte, qui peut se faire de cinq en cinq ans, ou mieux de sept en sept ans, s'appelle coupe réglée.

LE VERGER.

—

Outre ces arbres, il en est d'autres nommés arbres fruitiers. Je parierais avec confiance que nous aurons

plus de plaisir encore à nous en entretenir. Entrons
dans le verger. Voilà les fruits qui grossissent. Ce
serait vous faire injure que de vouloir vous les faire
connaître. Si petits que vous soyez, je pense que personne au monde ne distingue mieux que vous les
poires, les pommes, les pêches, les cerises, les prunes,
les abricots et les coings. Les arbres, étendus en
éventail contre la muraille, s'appellent, comme vous
savez, espaliers; et les autres, arbres de plein vent. Les
premiers rapportent plus sûrement, et de plus beaux
fruits, parce que dans les gelées on peut les couvrir
avec des nattes de paille, et que la muraille, échauffée
par le soleil, avance leur maturité. Les seconds
passent pour avoir des fruits d'un goût plus fin et plus
délicat. Nous aurons, j'espère, beaucoup de fruits,
cette année. Ne souhaiteriez-vous pas, Henri, qu'ils
fussent déjà mûrs? Patience; ils le seront bientôt, et
vous en mangerez alors sans danger pour votre santé.
Mais gardez-vous bien d'y toucher tant qu'ils sont
verts; car ils vous rendraient malades et causeraient
peut-être votre mort.

Vous vous rappelez, mes chers amis, combien les
arbres à fruit paraissaient beaux, il y a plusieurs
semaines, lorsqu'ils étaient en pleine fleur. Les fleurs
sont maintenant passées, et les fruits croissent à la

place. Ils deviendront plus gros de jour en jour, jusqu'à ce que la chaleur du soleil les colore et les mûrisse ; et alors ils seront bons à cueillir.

Bien des espèces de pommes et de poires peuvent se garder dans leur état naturel pendant tout l'hiver ; mais les autres fruits tournent bientôt en pourriture, et il faudrait renoncer à en manger après leur saison, si l'on n'avait trouvé le moyen de les conserver, en les faisant sécher au four, ou en les mettant dans de l'eau-de-vie, ou enfin en les faisant bouillir avec un sirop composé d'eau et de sucre. C'est de cette dernière façon que l'on fait les marmelades et les gelées qu'on trouve si bonnes dans l'hiver, et surtout dans les maladies.

Il y a quelques fruits renfermés en de dures enveloppes, comme les noix, les amandes, les noisettes, les châtaignes, etc. Vous les connaissez aussi bien que les arbres qui les portent ; mais vous ne connaissez pas un autre arbre nommé cocotier, qui ne vient pas dans ce pays. Il est très-haut et fort droit, sans branches ni feuillages le long de sa tige. Seulement, vers le sommet, il pousse un bouquet de feuilles très-larges, dont les Indiens se servent pour couvrir leurs maisons, pour faire des nattes, et pour d'autres usages. Entre les feuilles et l'extrémité de sa pointe,

il sort quelques rameaux de la grosseur de mon
bras, auxquels on fait une incision, et qui répandent,
par cette blessure, une liqueur très-agréable, dont on
fait l'arack. Ces rameaux portent de grosses grappes ou
régimes dont chacune produit une douzaine environ
d'énormes noix appelées cocos.

Cet arbre rapporte trois fois l'année ; et son fruit,
dont vous avez goûté l'autre jour, fournit une amande
très-nourrissante et un liquide dont la saveur est
comparable à celle du lait, quand la noix est fraî-
chement cueillie.

Il y a aussi une espèce d'amande, appelée cacao, qui
vient dans les Indes occidentales, et au midi de l'A-
mérique. L'arbre qui le produit ressemble un peu à
notre cerisier. Chaque gousse renferme une vingtaine
de ces amandes de la grosseur d'une fève ; on en fait
le chocolat, en la mêlant avec du sucre et d'autres
ingrédients. Le meilleur cacao nous vient de Caraque,
dont il porte le nom.

LES PÉPINIÈRES ET LA GREFFE.

—

Les arbres ont généralement trois manières de se reproduire : par les graines, pepins, ou noyaux cachés dans l'intérieur du fruit ; par les rejetons pris sur les racines, et les boutures coupées des branches et plantées en terre pour s'y enraciner; par la greffe.

Les jeunes arbres, qu'on nomme sauvageons, ne porteraient que de mauvais fruits, si l'on n'avait soin de les greffer. Voici comment on s'y prend. On coupe d'abord le haut de la tige pour l'empêcher de s'élever davantage ; puis, on fait une ou plusieurs incisions à l'écorce ; et, dans ces ouvertures, on glisse un bourgeon pris d'un autre arbre avec une petite partie d'écorce pour remplir le vide qu'on a fait dans celle du sauvageon. On les lie étroitement ensemble, et l'on recouvre la blessure de mousse, pour empêcher l'air d'y pénétrer. Le bourgeon, recevant sa nourriture de l'arbre, s'unit avec lui, et il pousse bientôt des branches, qui, en s'étendant de tous côtés, forment la tête de l'arbre, et portent des fruits exquis.

Cette opération, l'une des plus curieuses du jardinage, se varie de plusieurs manières. J'aurai soin de parler à Mathurin pour le prier, lorsqu'il en sera temps, de la faire sous vos yeux.

L'endroit où l'on rassemble les jeunes arbres ou élèves s'appelle pépinière; c'est pour les enfants des arbres comme un collège où l'on veille sur leur croissance, et où l'on s'étudie à les préserver de mauvais penchants.

LES FLEURS.

—

Charlotte, si vous n'êtes pas fatiguée, nous irons voir nos fleurs. Pour Henri, c'est un homme; il lui siérait mal de se plaindre. Je pense même qu'il serait en état de se tenir sur ses pieds du matin au soir. Venez, monsieur, prenez la clef du jardin, et ouvrez la porte. Voici, je crois, l'endroit le plus agréable que nous ayons jamais vu.

Quel est l'objet qui va d'abord captiver nos regards?
Que sais-je? Il se trouve ici une si grande variété de
beautés, que l'on ne sait à laquelle donner la préférence. Vous admiriez les fleurs des champs; mais
celles-ci les surpassent encore.

Regardez ces pavots, ces géraniums, ces œillets,
ces hortensias, ces mauves et ces pétunias. La blan-
cheur de ce lis, ou de cette tubéreuse, efface celle de
la plus belle batiste. Prenez la plus petite fleur; en la
regardant de près, vous la trouverez aussi jolie et
aussi curieuse que les plus grandes. N'oublions pas,
surtout, la modeste violette, la première fille du printemps. Charlotte, cueillez-moi, je vous prie, une de
ces roses à cent feuilles. C'est bien avec raison que,
pour son doux parfum et sa couleur brillante, on la
nomme la reine des fleurs. Joignez-y quelques brins
de réséda, de jasmin, de muguet et de chèvrefeuille.
Quel agréable mélange de douces odeurs dans un si
petit bouquet! Je ne vous permettrai pas d'en cueillir
davantage; ce serait une pitié de les gâter. Le jardinier nous en a apporté ce matin pour parer notre ap-
partement. Elles se conserveront par la fraîcheur de
l'eau qui baigne leurs tiges, au lieu que la chaleur de
vos mains les aurait bientôt fanées.

Avez-vous pris garde que chaque fleur a des feuilles

différentes de celles des autres? que quelques-unes
sont bigarrées de toutes les couleurs que vous pouvez
nommer, et découpées en festons les plus délicats? En
un mot, leurs beautés sont trop multipliées pour qu'on
puisse vous les compter. Quand vous serez en état de
lire les ouvrages d'histoire naturelle, vous serez
étonnés de tout ce qu'elles offrent d'admirable; mais
vous êtes trop jeunes pour pouvoir comprendre ces
livres à présent. Cependant, je ne dois pas omettre de
vous dire que toutes les fleurs viennent, ou de graines,
ou d'oignons, ou de petites racines détachées des
grandes, ou de rameaux auxquels on fait produire des
racines en les couchant sur la terre et qu'on appelle
marcottes.

Aucune de celles qui croissent ici ne viendrait à
l'aventure dans les champs, parce que la terre n'y est
pas assez riche pour elles. Il faut prendre beaucoup
de peine pour les faire venir, même dans un jardin.
Le jardinier est obligé de leur donner des soins con-
tinuels. Il faut, surtout, qu'il n'oublie pas de les ar-
roser chaque jour. La terre et l'eau sont pour les fleurs
ce que la viande et le vin sont pour les hommes;
mais, comme elles sont muettes et attachées à une
place, elles ne peuvent aller chercher des rafraîchis-
sements, ni les demander. Le Créateur a pourvu à

leurs besoins par les douces ondées du printemps, ou bien le jardinier, qu'il instruit, répand sur elles, avec son arrosoir, une pluie bienfaisante.

Quelques plantes tendres et délicates ne viennent que dans une terre extrêmement légère. Elles ne pourraient percer de leurs tiges et de leurs racines un terrain trop dur, pas plus que vous ne pourriez passer à travers une épaisse muraille. D'autres plantes sont fermes et vigoureuses ; c'est pourquoi une terre légère s'éboulerait autour d'elles, et laisserait leurs racines découvertes ; aussi celles-là réussissent mieux sur un sol d'argile. Quelques-unes demandent une grande quantité d'eau ; elles viennent même dans les fosses et les puisards. D'autres enfin ne se plaisent que dans un terrain sablonneux.

On élève plusieurs plantes curieuses dans des serres chaudes. Elles ne croîtraient pas en plein air dans ce pays, parce qu'elles sont transplantées de pays étrangers, où il fait beaucoup plus chaud. Quoique vous soyez d'une constitution plus robuste que les fleurs, si vous étiez obligés d'aller dans un pays où le froid est beaucoup plus vif que dans celui-ci, vous ne seriez pas en état de le supporter, comme ceux qui sont nés sous ces climats,

LES CARRIÈRES.

—

De ce que je viens de vous dire, mes chers amis, vous devez conclure qu'il y a une grande variété dans ce qui croît sur la surface de la terre; mais quelle serait votre admiration, si vous connaissiez tout ce qu'elle renferme au-dessous! C'est de son sein qu'on a tiré les grès qui pavent nos rues et nos grands chemins, et ce joli gravier d'un jaune rougeâtre répandu sur les allées pour en bannir l'humidité, et faire un contraste agréable avec le vert tendre de la charmille. La porcelaine et la faïence de notre buffet, la poterie commune, d'un si grand usage dans la cuisine, les briques dont nos murs sont construits, les tuiles qui couvrent les toits, tout cela n'est que de la terre d'une pâte plus ou moins fine, pétrie et cuite au four.

Nos verres et nos bouteilles, les vitres de nos fenêtres, sont du sable fondu.

Vous avez vu quelquefois dans vos promenades bâtir

des maisons? Eh bien! la chaux, le mortier, le plâtre,
le ciment qu'on a mis entre les pierres pour les lier
ensemble et les affermir, venaient du sein de la terre.
Ces pierres elles-mêmes, entassées les unes sur les
autres jusqu'à une si grande élévation au-dessus de
nos têtes, étaient ensevelies à de grandes profondeurs
sous nos pieds. Il en est ainsi du marbre qui pare nos
consoles et nos cheminées, et de l'ardoise qui couvre
nos pavillons. Les endroits creusés pour en retirer ces
divers matériaux s'appellent carrières.

LES MINES DE CHARBON ET DE SEL.

Il est des pays, surtout en Angleterre, en Belgique
et dans le nord de la France, où, en creusant à certaines
profondeurs, on trouve dans une espèce de carrière,
appelée mine, le charbon de terre que vous avez vu
souvent décharger à la porte du serrurier notre voisin.
Il est d'un grand usage pour les fabriques, les chemins

de fer, pour les foyers de nos cuisines et même de nos appartements.

Le charbon de bois ne vient point dans la terre ; mais on fait un grand monceau de bois, on le recouvre de terre en laissant des ouvertures en haut et en bas, et on y met le feu ; quand la flamme ne sort plus, on bouche les ouvertures avec de la terre, le feu s'éteint, et, au bout d'un certain temps, on retire le charbon.

Il est aussi des mines de différentes espèces de sel, qu'il est inutile de vous nommer encore. Je ne vous parlerai que du sel commun. En quelques endroits le sel de ces mines est si dur, qu'on peut le tailler comme du marbre, et en faire des statues. Ce qu'il y a de singulier, c'est que le feu le fait fondre encore plus promptement que l'eau.

Le sel nous vient plus communément de l'eau de mer, qu'on fait entrer dans une espèce de bassin peu profond, et qu'on laisse évaporer au soleil. Quand l'eau est tout évaporée, le sel reste en croûte dans ces bassins, qu'on appelle salines.

LES MINES DE MÉTAUX.

—

Je ne vous ai pas dit la moitié des richesses qui se trouvent dans les entrailles de la terre ; on en tire l'or, l'argent, le cuivre, le fer, le plomb et l'étain. C'est ce qu'on appelle métaux.

Regardez ma montre ; elle est d'or, ainsi que les pièces de 20 fr., de 10 fr., et cette petite pièce de 5 fr. En battant l'or avec un marteau, on l'étend en feuilles plus minces que du papier. L'espagnolette de mes croisées, les sculptures de mon salon, les chenets de mon foyer, ne sont pas d'or, quoique vous ayez pu l'imaginer. On n'a fait que les couvrir de ces légères feuilles d'or. Il est le plus précieux de tous les métaux.

L'argent, quoique inférieur à l'or, est cependant très-estimé. Cette grosse pièce de 5 fr. et ces petites pièces de monnaie sont d'argent. On l'emploie aussi pour les flambeaux, la vaisselle et une infinité d'autres ustensiles, dont les gens riches font usage.

L'argent, couvert d'une feuille d'or, s'appelle vermeil.

Le cuivre sert à faire les sous et les centimes. On l'emploie aussi ordinairement pour faire nos poêlons, nos casseroles et nos chaudières. Mais l'usage en serait très-dangereux, si l'on n'avait la précaution de les doubler d'étain en dedans.

Le fer est le métal le plus commun, mais le plus utile. La plupart des instruments dont on se sert pour la culture de la terre et pour les différents métiers, sont de fer. L'acier est une espèce de fer raffiné et purifié dans la trempe, par le mélange de quelques ingrédients. Les couteaux, les ciseaux, les rasoirs, les aiguilles, sont d'acier.

Le plomb est aussi d'un très-grand usage. Vous savez combien il est pesant. On en fait des réservoirs pour contenir l'eau, des tuyaux pour l'amener des sources, des gouttières pour ramasser la pluie qui dégoutte des toits, et la conduire hors de la maison. Le zinc tend aujourd'hui à remplacer le plomb pour beaucoup de ces usages ; on est arrivé à l'empêcher de s'altérer au contact de l'eau et de l'air.

L'étain est un métal blanchâtre plus mou que l'argent, mais plus dur que le plomb. Il sert à faire des bassins, des écuelles, des assiettes et des cuillers pour les gens qui n'ont pas le moyen d'en avoir d'argent.

Tous ces différents métaux se trouvent en mines dans la terre. On y trouve aussi le mercure ou vif-argent dont on se sert pour faire le tain des miroirs, l'antimoine, etc.... En faisant fondre ensemble certains métaux, on forme des métaux composés qui ont des qualités particulières.

LES MINES DE PIERRES PRÉCIEUSES.

—

C'est encore dans la terre que l'on trouve les pierres précieuses, telles que le diamant qui est proprement sans couleur, le rubis qui est rouge, l'émeraude qui est verte, le saphir qui est bleu. Je ne vous parle que des principales, parce que le détail en serait trop long. Elles ne paraissent point si brillantes lorsqu'on les tire de la mine. Il faut autant de patience que de travail pour les tailler et les polir. Regardez les diamants de cette bague ; vous voyez qu'ils sont taillés à plusieurs facettes ; c'est afin que la lumière, se réfléchissant d'un plus grand nombre de points, leur donne plus d'éclat.

Il y a encore des espèces de cailloux que l'on taille aussi en forme de diamants, pour en garnir des boucles et des colliers ; mais ils sont bien loin d'avoir le même feu. On les reconnaît à leur transparence plus terne ; c'est ce qu'on appelle pierres fausses.

Vous voyez, mes amis, qu'il n'est pas une seule chose qui ne puisse servir à satisfaire agréablement notre curiosité, lorsque nous savons l'examiner avec attention. Quelle folie de se plaindre de n'avoir rien pour se distraire, lorsqu'on peut trouver de l'intérêt dans tous les objets que nous offre la nature.

Mais si vous n'êtes pas fatigués, je pense que vous devez avoir faim ; et je crains que notre dîner ne se refroidisse. Ainsi hâtons-nous de gagner la maison. Je vous en ai dit assez pour occuper votre mémoire jusqu'à demain, où je me propose de faire avec vous une autre promenade.

LES BŒUFS.

Bonjour, Charlotte ; je ne vous attendais pas de si

bonne heure. Je me flatte, par cet empressement, que mes instructions d'hier vous furent agréables. Avez-vous vu Henri ce matin ? Allons voir s'il est levé. — Comment ! petit paresseux, n'avez-vous pas de honte d'être encore au lit ? La matinée est charmante. Votre sœur et moi, nous voulons en profiter pour faire une petite promenade. Si vous désirez être de la partie, il n'y a pas de temps à perdre. — Fort bien, vous voilà prêt. Faites votre prière, et partons.

Ne vois-je pas là-bas la laitière qui trait les vaches ? Comme ces pauvres animaux paraissent joyeux, en paissant dans la verte prairie ! J'imagine que l'herbe leur est aussi agréable que des confitures le seraient pour vous. Voyez de quels bons vêtements ils sont pourvus ! Comme ils ne peuvent pas s'en faire eux-mêmes, la nature leur en a donné qu'ils portent sur le dos dès leur naissance, et qui grandissent avec eux.

Ces animaux ont quatre pieds ; c'est ce qu'on appelle des quadrupèdes. Ils ne se tiennent point debout. Cette posture grotesque, avec quatre jambes, leur serait en même temps incommode, parce que leur nourriture est attachée à la terre, et qu'ils seraient à tout moment obligés de se baisser pour la prendre ; ce qui les fatiguerait terriblement. D'un autre côté, s'ils n'avaient que deux jambes, ils ne pourraient guère

mouvoir leurs corps, beaucoup plus pesants que les
nôtres.

Vous voyez de quelle dure corne leurs pieds sont
armés. Sans cette chaussure naturelle, ils seraient
bientôt déchirés jusqu'au sang. Les grandes cornes
pointues qu'ils ont sur la tête leur servent de défense
contre ceux qui voudraient les attaquer.

Savez-vous de quelle grande utilité sont pour nous
les vaches et les bœufs? Je vais vous le dire. Ne
courez pas, Henri ; voyez comme votre sœur est attentive.

Les vaches, ainsi que vous le voyez, donnent du lait
en grande quantité. Il sert à faire la crème, le beurre
et le fromage. On le met, pour cela, reposer dans de
grandes jattes. Quelques heures après, la crème
épaissie s'élève au-dessus. On retire cette couche avec
de grandes cuillers, et il s'en forme bientôt une seconde,
que l'on retire de même. Lorsqu'on a tout recueilli,
on la met dans une espèce de petit tonneau, qu'on
appelle baratte; on la remue fortement jusqu'à ce que
la partie solide appelée beurre se sépare de la partie
liquide ou lait de beurre ; les enfants aiment beaucoup
ce dernier, et vous en savez quelque chose.

Le fromage mou et toutes les autres espèces de fro-
mages se font également avec le lait. Je vous mènerai

quelque jour dans la laiterie, pour être témoins de ces différentes préparations.

Remarquez bien ce superbe taureau ; c'est la bête la plus vigoureuse de la troupe et le père de tous ces petits veaux qui tétaient encore leurs mères il a quelques jours, et qui commencent à présent à paître auprès d'elles.

Mais d'où vient ce nuage de poussière sur le grand chemin ? Ah ! c'est un troupeau de bœufs qui passe. N'en soyez point effrayée, Charlotte. Remarquez comme ils souffrent patiemment qu'on les pousse à coups d'aiguillon. Un seul homme suffit à les gouverner, tant ils sont dociles ! Il va les conduire au marché où les bouchers les attendent pour les acheter. Lorsqu'ils seront tués, leur chair sera vendue à nos cuisinières pour notre dîner ; et leurs peaux seront vendues aux tanneurs, qui en feront du cuir, nécessaire aux cordonniers pour les souliers et les bottes, et aux selliers pour les selles, les brides et les harnais. Leurs cornes même ne nous seront pas inutiles : on en fera des peignes et des lanternes.

Il est des pays où les bœufs n'ont rien à faire qu'à s'engraisser paisiblement, pour être conduits ensuite à la boucherie. En d'autres endroits, leur vie est aussi laborieuse que celle du cheval. On ne monte pas, il est vrai, sur leur dos ; mais on en joint deux ensemble de front, et on leur attache autour des cornes, avec de fortes courroies, le joug d'une charrette ou d'une charrue; on les attelle aussi dans d'autres pays avec des colliers comme les chevaux, et on les voit tirer avec force les fardeaux les plus lourds, et labourer profondément la terre la plus dure.

LES BREBIS.

—

Regardez ces innocentes brebis, avec ce fier bélier à leur tête, et ces jolis agneaux à leur côté. Quelle paisible famille ! Douces créatures ! Vous êtes aussi pourvues de bons habits. Ils vous seront d'un grand secours dans l'hiver, et dans les nuits fraîches où vous êtes obligées de coucher à la belle étoile, au milieu des champs. Mais ils vous donneraient trop de chaleur dans l'été. Eh bien ! ne craignez pas ; on trouvera le moyen de vous en débarrasser, sans vous faire souffrir. Aussitôt que les chaleurs étouffantes seront venues, le

fermier vous réunira toutes ensemble dans la prairie.
Alors des gens armés de larges ciseaux viendront
vous délivrer adroitement du poids incommode de
votre toison. Vous sortirez de leurs mains plus légères,
et vous courrez, sautant et bondissant comme de petits
garçons qui ôtent leurs habits pour jouer dans la
campagne.

La laine des brebis et des moutons est très-précieuse.
On la vend aux cardeurs, qui la dégraissent; et de
pauvres femmes, qui vivent dans des chaumières, la
filent. N'avez-vous pas vu l'honnête Gothon, assise
devant sa porte, chanter de vieilles romances en tour-
nant son rouet, heureuse de penser qu'on la paierait
assez bien pour l'empêcher de demander l'aumône?

Lorsque la laine est filée, puis tordue, les bonnetiers
en font des bonnets ou des bas, et les tisserands en
font des étoffes pour nos vêtements, ou des couvertures
pour nos lits dans l'hiver.

Les pauvres moutons ne seraient pas si fringants,
s'ils savaient qu'ils doivent être, comme les bœufs,
vendus aux bouchers. Ne pensez-vous pas qu'il est
cruel de tuer ces innocentes créatures? En effet, mes
enfants, c'est une pitié. Mais si l'on n'en tuait pas quelques-uns, il y en aurait bientôt un si grand nombre,
qu'ils ne sauraient trouver assez d'herbe pour subsis-

ter, et que plusieurs, par conséquent, seraient réduits à
mourir de faim. Du moins, tant qu'ils vivent, ils sont
aussi heureux qu'ils peuvent l'être. Ils ont de belles
pâtures pour s'y nourrir et pour y jouer. En marchant
à la boucherie, ils ne savent pas encore ce qu'on va
leur faire. Lorsqu'on leur coupe la gorge, ils ne sont
pas longtemps à mourir ; et, en expirant, ils n'ont pas
le chagrin de laisser après eux des parents qui s'af-
fligent, ou qui souffrent de leur perte.

Nous sommes obligés de les tuer pour soutenir notre
vie ; mais nous ne devons jamais être cruels envers
eux, tant qu'ils sont vivants.

La peau de mouton sert à faire le parchemin qui
couvre votre tambour, Henri, et la basane qui couvre
votre livre, Charlotte.

LE CHEVAL.

On conduit aussi les chevaux au marché pour les
vendre, non pas aux bouchers, mais aux maquignons

qui les dressent. On commence à manger leur chair,
et la vaillante cité de Paris en fit un grand usage
pendant la guerre de 1870. Le cheval est une noble
créature. Voici un cheval de selle. Voyez comme il se
dresse, et comme il bondit, maintenant qu'il est en
liberté. Mais, quoiqu'il soit très-vigoureux, qu'il puisse
renverser celui qui le monte en s'élevant sur ses pieds
de derrière, et le tuer d'une ruade, il est si doux, qu'il
se laisse monter et guider où l'on veut. Son corps étant
moins lourd que celui du bœuf, il a des jambes plus
menues ; en sorte qu'il se meut plus légèrement. Sa
coupe étant moins large, un homme peut aisément
l'embrasser entre ses genoux. Il a aussi de la corne au
pied; mais comme il est grand voyageur, elle serait
bientôt usée, si l'on n'avait le soin de lui donner des
souliers de fer pour empêcher qu'elle ne se brise. C'est
le maréchal qui fait sa chaussure, et qui la lui attache
avec des clous. Cette opération faite avec adresse ne
lui cause aucune douleur.

Ne souhaiteriez-vous pas, Henri, de savoir monter à
cheval ? Lorsque vous serez plus grand, on vous ap-
prendra cet utile exercice. Mais gardez-vous bien de
l'essayer avant d'en avoir reçu des leçons ; cette épreuve
pourrait vous coûter la vie.

Il y avait un petit garçon de ma connaissance qui

brûlait d'envie de monter à cheval, et qui n'eut pas la
patience d'attendre que son papa lui eût acheté un joli
petit poney proportionné à sa taille. Il vit un jour le
cheval du domestique attaché à la porte. Le voilà qui
détache la bride, grimpe sur la selle, et donne à son
coursier un grand coup de baguette. Le cheval part
aussitôt au galop, et l'emporte avec tant de vitesse, que
le pauvre petit malheureux, incapable de retenir la
bride, et d'atteindre jusqu'aux étriers, perdit bientôt la
selle, et fut renversé contre une pierre qui lui fracassa
le crâne. Le cheval n'était pourtant pas vicieux, lorsqu'il
avait un cavalier habile sur son dos. Tout le mal venait de
ce que le petit insensé ne savait pas le conduire

Ces deux grands chevaux rebondis, d'une taille
haute, et d'une superbe encolure, sont destinés pour
le carrosse. Ils sont plus forts, mais moins légers que
l'autre. Ceux-ci, avec leurs jambes velues et leur crin
négligé, sont des chevaux de charrette. Il y a une
autre espèce de chevaux très-fins et très-légers. Ils
portent leurs maîtres à la chasse, ou sont réservés
pour les courses ; mais ils sont très-coûteux à entretenir.

Nous ne saurions faire à pied un long voyage, parce
que nos jambes seraient bientôt fatiguées, au lieu que
sur le dos d'un cheval nous pouvons parcourir bien des

lieues, et voir nos amis qui vivent à une certaine dis-
tance de notre maison. Il est aussi fort agréable d'aller
en voiture. Vous le savez bien. Mais ces plaisirs, nous
ne pourrions pas nous les procurer sans les chevaux.
Comment nous passer aussi de leur secours dans une
infinité d'autres circonstances? Il serait excessivement
pénible pour les hommes les plus vigoureux de faire
ce que les chevaux ordinaires font avec facilité. Le
pauvre laboureur, qui suit tout le long du jour sa
charrue, est bien fatigué le soir lorsqu'il rentre dans
sa chaumière. Que serait-ce donc s'il était obligé de
la traîner lui-même à travers son champ, sur une
terre dure et raboteuse? Comment les voituriers se-
raient-ils en état de tirer ces grands fourgons et ces
lourdes charrettes qu'ils conduisent, s'ils n'y em-
ployaient la force des chevaux?

Puisqu'ils nous rendent de si grands services, ne
devons-nous pas les bien traiter? Je crois que le moins
que nous puissions faire, est de leur donner dans le
jour une bonne nourriture, et une écurie bien close la
nuit. Gardons-nous surtout d'imiter ces personnes
barbares qui les poussent trop rudement à la course,
qui leur donnent des coups de fouet et d'éperons, jusqu'à ce qu'ils soient près de mourir. Cependant de
pareilles cruautés sont exercées chaque jour. Souvenez-

vous bien, Henri, qu'il est également cruel et insensé
d'agir de cette manière.

L'ANE.

—

Voilà un pauvre âne. Il fait une figure bien triste
auprès d'une aussi belle créature que le cheval. Ne
le méprisez pourtant pas à cause de sa mine. Il a un
grand mérite, je vous assure. Il est aussi patient qu'utile,
et il n'en coûte que bien peu pour le nourrir. Il se
contente de quelques herbes dures qu'il broute le long
des chemins, ou même de quelques feuilles et d'un
peu de son. Il ne demande ni écurie pour le loger,
ni palefrenier pour le panser ; en sorte que les pauvres
gens qui ne sont pas en état de nourrir un cheval
peuvent avoir un âne. Il tirera fort bien sa petite
charrette, ou portera sa paire de paniers. Il ne dédai-
gnera même pas de prêter son dos à un ramoneur.
N'avez-vous pas vu de ces petits Savoyards aux dents

blanches et à la face noircie, grimpés sur un âne avec des sacs de suie, qu'ils portent aux teinturiers ?

Je ne dois pas oublier de vous dire que le lait d'ânesse est un des meilleurs remèdes pour les maladies de poitrine. J'ai vu des personnes si faibles, qu'on les croyait condamnées à mourir, reprendre à vue d'œil leur santé, pour en avoir bu le matin pendant quelque temps. Ne serait-il pas affreux de traiter avec inhumanité des animaux si utiles ? Je ne pardonnerai, je crois, de ma vie, à un petit polisson que j'ai vu tourmenter une de ces pauvres créatures de la manière la plus cruelle.

LE CHIEN.

Laissez-moi regarder à ma montre. Oh ! oh ! huit heures passées. Il est temps de retourner à la maison pour déjeuner. Voilà Champagne qui venait nous avertir. Médor est avec lui. Vous êtes bien content de nous trouver, n'est-ce pas, Médor ? Nous sommes aussi bien

aises de vous voir, je vous assure. Vous êtes un brave
et fidèle compagnon. Voyez comme il remue sa queue
et comme il frétille. Il nous regarde d'un air si joyeux,
que l'on croirait démêler un sourire sur sa physio-
nomie. Dans le temps où nous sommes au lit, et profondément endormis, Médor fait sentinelle, et ne per-
met pas aux voleurs d'approcher de la maison. Lorsque
votre papa est à la chasse, Médor court d'un côté et
d'autre à travers les champs, et fait lever le gibier
pour que votre papa le tire. Quoiqu'il soit très-coura-
geux, et qu'il expose sa vie pour défendre son maître,
si on osait l'attaquer, il est d'un si bon naturel, qu'il
laisse les petits enfants jouer avec lui, sans les mordre,
pourvu cependant qu'ils ne lui fassent pas de mal.

Le brave Médor ne demande d'autre récompense de
ses services que de petites caresses, un peu de nourriture, et la permission de nous accompagner quelquefois dans nos promenades. Il mérite bien notre attache-
ment par celui qu'il nous témoigne. Je suis sûre que,
pour tous les trésors de l'univers, il ne pourrait con-
sentir à nous quitter, quand un prince, en personne,
viendrait chercher à le séduire.

LE CERF.

Voulez-vous traverser le petit parc, en retournant à la maison ? J'en ai heureusement la clef. Voyez, Henri, ce beau cerf avec ses cornes rameuses. N'admirez-vous pas sa taille légère et son air noble et fier ? Voyez là-bas ces petits faons qui bondissent. Si leste que vous soyez, je parie que vous ne pourriez jamais cabrioler comme eux.

Cette espèce d'animaux n'est entretenue que par ceux qui ont des parcs fermés de hautes murailles. Ils aiment trop l'indépendance pour s'arrêter dans les champs, comme les vaches et les brebis.

Les grands seigneurs prennent souvent plaisir à chasser le cerf. Ils le lâchent du parc, et détachent à ses trousses une meute nombreuse de chiens. Leurs aboiements furieux, les cris et le son du cor des pi-queurs qui les guident, le saisissent d'une telle épou-vante, qu'il se sauve devant eux de toute la vitesse de ses jambes agiles. Les chasseurs, montés sur des chevaux dressés à cet exercice, se mettent aussi à la poursuite ; et ils sont si animés dans leur course, qu'ils sautent au-dessus des haies et à travers les fossés pour l'atteindre. Il fait quelquefois des circuits immense ; mais enfin ses jambes fatiguées refusent de le porter plus loin. On le voit haletant de lassitude et de frayeur, s'arrêter tout à coup, et menacer de ses cornes les chiens dont il est assailli. Après un long combat, ceux-ci le déchirent jusqu'à ce qu'il meure.

Je suppose qu'il y a du plaisir à le suivre et à voir la légèreté de sa course ; mais je pense qu'il faudrait laisser la pauvre créature retourner dans sa demeure, pour la dédommager de la terreur qu'elle doit avoir éprouvée, et la payer de l'amusement qu'elle a procuré.

Ces mêmes personnes s'amusent aussi quelquefois à chasser le lièvre. Elles vont dans les champs avec leurs chiens, qui découvrent bientôt son gîte, quelque caché qu'il soit. Lorsqu'il se voit en danger d'être saisi, il s'élance et court avec toute la légèreté dont il est pourvu, pratiquant dans sa fuite plusieurs ruses pour se sauver. Mais toutes ces ruses sont inutiles. Il succombe enfin d'épuisement, et subit le même sort que le cerf, ou périt sous les traits du chasseur.

La chasse peut nous sembler un plaisir cruel. Mais

pourtant nous ne devons pas la condamner absolument. Elle donne aux jeunes gens qui s'y exercent le courage et la force dont ils auront besoin plus tard, quand la patrie réclamera leur secours.

Maintenant allons prendre notre déjeuner. Je crois que cette promenade vous le fera trouver bon. Il n'est rien comme l'air et l'exercice pour aiguiser l'appétit.

LE CHAT.

—

Tandis que nous déjeunons, j'ai quelques nouvelles à vous dire, Charlotte. Votre favorite Minette a fait des petits. Ils sont ici dans un panier. Appelez-la pour boire un peu de lait, et alors nous pourrons les regarder à notre aise. Entendez comme ils miaulent; voyez comme ils tremblotent. Ils ne peuvent pas y voir encore; mais dans neuf jours leurs yeux seront ouverts, et alors ils commenceront à faire mille tours de souplesse.

Lorsque leur mère leur aura appris à attraper les

souris, elle les laissera pourvoir d'eux-mêmes à leur
subsistance ; et, au lieu de se donner la moindre in-
quiétude à leur sujet, elle leur allongera un bon coup
de patte sur le museau, s'ils osaient prendre des liber-
tés avec elle. Mais elle sera une bonne mère pour eux
aussi longtemps qu'ils auront besoin de ses secours.
Ils n'ont pas droit de prétendre qu'elle leur attrape
des souris pendant toute leur vie, lorsqu'ils seront
aussi adroits qu'elle à cette chasse.

Les souris sont de jolies petites créatures; mais
elles font beaucoup de dommage, aussi bien que les
rats. Si nous n'avions pas de chats pour les détruire,
nous en serions bientôt désolés.

Je n'aurais jamais fini, si je voulais nommer
toutes les espèces d'animaux qui vivent sur la terre.
Mais je ne dois pas oublier de vous dire qu'il y a un
grand nombre de bêtes féroces, telles que les lions, les
tigres, les léopards, les jaguars, les ours, et une
infinité d'autres. Comme leurs peaux font de bonnes
fourrures pour les personnes qui vivent dans les pays
froids, les chasseurs, assemblés en grand nombre, et
pourvus de bonnes armes, se hasardent à les pour-
suivre avec d'autant plus de confiance, que les bêtes
sauvages vont rarement par troupes.

Quelquefois on vient à bout de les prendre vivantes,

lorsqu'elles sont jeunes, et on les montre dans les foires comme des curiosités. Ceux qui en ont soin ont une manière de les élever qui leur fait perdre eu grande partie leur férocité naturelle. Il n'y a aucune bête, si féroce qu'elle soit, qui ne puisse être adoucie et domptée par l'homme, témoin cet ours qui dansait hier sous nos fenêtres.

Il est plusieurs autres animaux très-curieux que j'ai vus à la ménagerie du Jardin des Plantes, où je me propose de vous mener quelque jour. Je ne vous parlerai que de deux seulement, pour vous inspirer la curiosité de connaître les autres, lorsque vous serez un peu plus instruits.

L'ÉLÉPHANT.

L'éléphant est le plus grand des animaux qui vivent sur la terre. Sa force est prodigieuse, mais son naturel est très-doux, et il se laisse aisément gouverner par la voix de l'homme.

Il porte sur le museau une grande masse de chair, qu'on appelle trompe, parce qu'elle est creuse et allongée comme une trompette. Il l'étend et la recourbe de mille manières, et s'en sert comme d'une espèce de main pour prendre sa nourriture et la porter à sa gueule. Il la manie avec tant d'adresse, qu'il parvient à déboucher une bouteille, et à ramasser à terre la moindre pièce de monnaie. Elle est assez forte pour soulever de grosses pierres et déraciner les arbres.

Nous lisons dans l'histoire que c'était autrefois l'usage d'employer les éléphants dans les batailles. Ils portaient sur leur dos de petites tours de bois remplies de soldats, qui, de cette hauteur, lançaient au loin des traits et des javelots. Quand le combat s'animait, l'éléphant, harcelé par l'ennemi, entrait en fureur, enfonçait les rangs, et écrasait sous ses pieds tous ceux qui osaient lui disputer le passage.

Voudriez-vous monter sur un éléphant, Henri? Certes, vous y feriez une aussi belle figure que la poupée de Charlotte sur un grand cheval.

Les dents de l'éléphant ont quelquefois plus de trois mètres de longueur. Ce sont elles qui nous fournissent tout l'ivoire employé à faire quelques-uns de vos joujoux, vos peignes, le manche de votre couteau, et une infinité d'autres ustensiles.

LE CHAMEAU.

Le chameau est une autre grande créature. Nous n'en avons point dans ce pays, si ce n'est ceux que l'on y amène à dessein de les montrer dans les rues pour de l'argent.

Au milieu des contrées où vivent les chameaux, il y a de vastes déserts sablonneux, où l'on ne trouve ni une hôtellerie pour se reposer, ni même un arbre pour se mettre à l'abri des traits brûlants du soleil. Cependant les marchands sont dans la nécessité de traverser ces sables arides, pour porter les marchandises qu'ils veulent vendre d'une contrée à l'autre. Il leur serait impossible de traîner eux-mêmes de si lourdes charges ; et les chevaux dont ils pourraient faire usage seraient réduits à périr de soif, parce qu'on ne trouve point d'eau sur la route.

Le chameau se charge des fardeaux les plus pesants, les porte avec autant de patience que de légè-

reté, et souffre patiemment de très-longs jeûnes.
Lorsqu'il est parvenu au terme du voyage, il s'age-
nouille de lui-même, afin que son maître puisse
atteindre à la hauteur de son dos pour le décharger.

Je pourrais vous dire des choses étonnantes d'une
quantité d'autres animaux; mais j'espère que vous
aurez assez de curiosité pour vous instruire un jour,
dans des livres d'histoire naturelle, de tout ce qui les
concerne.

LA POULE.

Si vous avez fini de déjeuner, et que vous ne sen-
tiez pas de fatigue, nous irons dans la basse-cour.
Prenons chacun une poignée de grain; je suis sûre que
nous serons bien venus.

Voyez quelle nombreuse couvée de poussins a cette
poule blanche. Elle prend autant de soin d'eux que la
femme la plus tendre de ses enfants. Henri, ne cher-

chez point à attraper les petits poulets; elle volerait sur vous.

Hier encore, ils étaient dans la coquille. On avait placé des œufs dans un panier, au coin de la volière. Elle les a couvés pendant trois semaines, et ne les quittait que par moments à la dérobée pour manger, de peur qu'ils ne périssent de froid s'ils étaient privés de la chaleur qu'elle leur communiquait. Aussitôt qu'ils ont été assez forts, ils ont rompu la coquille et sont sortis d'eux-mêmes.

Elle leur apprend déjà à fouiller du bec dans la terre, pour y chercher du grain et des vermisseaux. Lorsqu'elle craint que quelqu'un n'ait envie de leur faire mal, elle s'élance sur lui avec la fureur et le courage d'un lion. Pauvre poule, que vas-tu devenir? Voyez-vous cet oiseau de proie qui la guette? Oh! comme cette tendre mère est effrayée! Les petits poussins se couchent sur le dos, attendant à tout moment d'être emportés dans les serres de leur ennemi. Leur mère court autour d'eux dans des angoisses mortelles; car il est trop fort pour qu'elle puisse le combattre.

Allez, Henri, appelez Thomas, et dites-lui d'accourir tout de suite avec son fusil. Va, ma pauvre poule, l'épervier n'aura pas tes petits. Maintenant que nous l'avons chassé, viens chercher le grain que nous l'avons apporté pour ta famille.

Nous avons besoin d'œufs, Charlotte; voyez s'il y en a dans le poulailler. Bon! vous en avez trois; ils sont pondus d'aujourd'hui : il n'y a pas encore de poulets vivants dans la coquille; mais si nous les laissions quelque temps sous la poule, il viendrait un poulet dans chacun. Toute espèce de volailles et d'oiseaux vient ainsi d'œufs plus ou moins gros, suivant la grosseur de l'animal qui les produit.

Il est possible de faire éclore les œufs dans des fours; on y arrive en fournissant aux œufs une chaleur modérée. Quand les jeunes poussins sortent de leur coquille, on les met dans des paniers si bien confectionnés, qu'ils s'y abritent comme sous leur mère; ils peuvent y entrer et en sortir à volonté, suivant qu'ils ont besoin de se reposer ou de picorer. C'est une chose très-curieuse, et ceux qui ne peuvent avoir un nombre de poulets par la méthode naturelle trouvent dans cette invention un auxiliaire utile.

Il y a une autre coutume aussi bizarre, mais qui cependant est très-commune parmi nous : c'est de mettre des œufs de canes couver sous une poule. Vous auriez peine à concevoir la détresse que cela occasionne à cette seconde mère. Ignorant l'échange qui

a été fait, elle suppose qu'elle a couvé ses propres petits; car elle n'a pas assez d'intelligence pour réfléchir
sur cet objet. C'est pourquoi, lorsqu'elle voit les canetons se plonger dans l'eau, suivant leur instinct,
elle est saisie pour eux des craintes les plus vives,
tremblant qu'ils ne se noient. Cependant elle n'ose les
suivre, parce qu'elle ne sait pas nager. Vous auriez
pitié de la pauvre bête, en la voyant courir autour de
la mare, appelant ses nourrissons, et remplissant l'air
de ses plaintes.

Il est fâcheux d'être obligé de tuer les pauvres
poulets; mais, comme je vous l'ai dit au sujet des
bœufs et des moutons, si nous les laissions tous vivre,
ils mourraient de faim, et nous réduiraient au même
danger; en sorte que nous n'aurions plus ni pain ni
viande pour soutenir notre vie. Mais nous prendrons
soin de les bien nourrir, de ne pas les tourmenter, et
de les faire souffrir, en les tuant, le moins qu'il nous
sera possible. Vous ne pourriez jamais vous résoudre à
égorger de vos mains une créature vivante, et je vous
en félicite; pourtant ce sentiment ne doit pas être
exagéré, et vous ne devez pas condamner ceux qui par
état versent le sang des animaux.

Les poules ont les pattes armées d'ongles très-
pointus, pour pouvoir fouiller dans le fumier, et devant

la porte des granges, où elles trouvent toujours une
provision suffisante de grain. Leurs pieds ont aussi
plusieurs jointures ; en sorte qu'en dormant la nuit,
elles se tiennent fortement accrochées aux juchoirs ;
ce qui les empêche de tomber pendant leur som-
meil.

Les coqs ont autant de courage que de beauté, de
force et d'orgueil. Ils combattent quelquefois entre eux
jusqu'à ce que l'un ou l'autre reçoive la mort. Il y a des
gens assez cruels pour trouver de l'amusement dans
ces meurtres.

Ils prennent deux de ces belles créatures, attachent
à leurs jambes des éperons d'acier très-aigus. Ensuite
ils les mettent au milieu d'une place ronde, couverte
de gazon, et ils se tiennent tout autour, criant, jurant,
et faisant des paris insensés, tandis que les deux fiers
combattants se déchirent de blessures si cruelles, qu'ils
meurent quelquefois sur la place.

O Henri ! j'espère que vous ne prendrez jamais part
à ces jeux barbares. Je vois que votre cœur se révolte
au seul récit que je vous en fais. Je pourrais encore
vous dire que ces spectacles ont causé souvent la
ruine de ceux qui risquaient leur fortune sur l'événe-
ment du combat ; mais je me flatte qu'avant de devenir
homme, vous prendrez des sentiments d'humanité qui

vous en éloigneront pour toujours, sans avoir besoin de ce motif.

Du reste, dans notre chère patrie, la loi défend ces jeux barbares.

N'y a-t-il pas bien plus de plaisir à voir ce noble oiseau becquetant à la porte de la grange, ou perché sur son fumier, battant des ailes et poussant des cris de joie, que de le voir déchiré d'une manière si cruelle, de voir ses yeux, jadis si pleins de feu, maintenant éteints sous sa paupière mourante, et son beau plumage souillé de boue et de sang ?

LE PAON, LE COQ D'INDE, LE FAISAN, LE PIGEON.

Eloignons de notre esprit de si tristes images, pour reposer nos regards sur ce paon majestueux. Avez-vous vu jamais une plus brillante parure ? Avec quel orgueil il étale en forme de roue sa queue étoilée ! On dirait que le soleil se plaît à la faire étinceler des plus riches couleurs. Une de ses plumes est tombée à terre. Examinez-la bien : plus vous la regarderez de près, plus elle vous paraîtra admirable. Ses pieds ne sont pas, à beaucoup près, si beaux ; tant il est vrai qu'on ne possède jamais tous les avantages.

La chair du paon est assez bonne à manger, quand il est jeune. Elle servait même autrefois dans les festins d'appareil de la chevalerie. Mais on se résout difficilement à égorger un si bel oiseau, et il est très-coûteux à élever.

Ne soyez pas effrayé de ce coq d'Inde, Henri. Il a l'air fanfaron, mais il ne possède que très-peu de courage. Marchez à lui sans crainte, il fuira devant vous. Une taille haute, vous le voyez, n'annonce pas toujours un grand cœur.

Cet oiseau nous vient de l'Inde ; mais il s'est fort bien naturalisé dans ce pays, et sa chair est d'un très-bon goût.

Ne croiriez-vous pas que l'on a peint et doré le plumage de ces faisans de la Chine ? Ils sont moins beaux que le paon, mais ils sont plus variés. Voyez aussi quelle diversité de couleurs dans ces pigeons. Les plumes de tous ces oiseaux nous servent pour mille embellissements dans notre parure. Et jusqu'à celle du hibou, il n'en est point qui ne soient dignes d'occu-

per nos regards, d'exciter notre admiration, et de
satisfaire notre curiosité.

LE CYGNE, L'OIE, LE CANARD.

Prenez garde, Henri. N'approchez pas tant du bord
du canal. Venez de mon côté. Bon ! donnez-moi la
main. Nous sommes assez près pour être à portée de
voir ce cygne superbe. Comme il navigue majestueu-
sement sur les eaux, sans en troubler la surface !
Voyez-le déployer de temps en temps ses ailes argen-
tées, et plonger dans l'eau son cou long et recourbé !
Voyez sa compagne, avec quelle fierté elle conduit sa
naissante famille ! Ses petits ne sont encore que d'un
gris-cendré ; mais bientôt l'œil sera ébloui de la blan-
cheur de leur plumage.

Cette pauvre oie, qui ressemble tant au cygne pour
la forme, est loin d'avoir sa grâce et sa beauté. Elle ne
fait que criailler d'une voix rauque et glapissante, et se
dandiner niaisement dans sa lourde allure. Gardons-

nous toutefois de la mépriser, parce qu'elle n'a pas les
avantages extérieurs de son rival. Le cygne n'a rien à
nous fournir que son duvet pour nos houppes à pou-
drer, nos manchons, les garnitures de nos robes et de
nos pelisses. L'oie, au contraire, nous donne sa chair
pour nos repas, et pendant longtemps on se servit des
plumes de ses ailes pour écrire. Vous voyez même
encore aujourd'hui quelques personnes les préférer aux
plumes métalliques.

Regardez à présent cette cane, suivie de sa jeune
couvée de canetons. Où courent-ils donc ainsi d'un air
si empressé? Bon! les voilà tous dans l'eau. Voyez
avec quelle assurance ils y plongent. Vous auriez,
j'imagine, une belle frayeur à leur place.

Le cygne, l'oie et le canard sont amphibies, c'est-à-
dire qu'ils peuvent vivre dans l'eau et sur la terre.
Remarquez, je vous prie, leurs pattes. Vous verrez
que toutes les parties en sont liées ensemble par une
mince membrane. Ils les emploient comme ces rames
dont vous avez vu les bateliers se servir pour conduire
leurs chaloupes.

LES OISEAUX DE PASSAGE.

Il est plusieurs espèces d'oiseaux, appelés oiseaux de passage, tels que les grues, les canards sauvages, les pluviers, les bécasses, les hirondelles, etc., qui ne résident pas constamment dans un même endroit, mais qui vont de pays en pays, cherchant un climat favorable, suivant les différentes saisons de l'année. Ils se réunissent tous ensemble en un certain jour marqué, et prennent leur vol en même temps. Plusieurs traversent les mers, et volent jusqu'à trois cents lieues; ce que l'on aurait de la peine à croire, sans le témoignage répété de plusieurs voyageurs dignes de foi.

LES OISEAUX ÉTRANGERS.

Je ne finirais pas de la journée, si j'entreprenais de vous peindre les oiseaux qui vivent dans ce pays. Que serait-ce donc, si je voulais vous entretenir de tous ceux que l'on a reconnus sur les différentes parties de l'univers ? Il est des livres fort instructifs où l'on a fait leur histoire, et où vous pourrez les voir représentés avec leurs couleurs naturelles.

En attendant que vous soyez en état de lire ces ouvrages avec fruit, je me bornerai à vous parler de deux oiseaux seulement, et je choisirai le plus petit et le plus grand de toute l'espèce, le colibri et l'autruche.

LE COLIBRI.

—

La nature semble avoir pris plaisir à former la taille élégante du colibri, et à rassembler sur son plumage les plus belles couleurs dont elle a peint celui des autres oiseaux. Les nuances en sont si délicates et si bien mélangées, que son coloris semble varier à chaque nouveau coup d'œil. Sa queue est composée de neuf plumes qui vont s'allongeant en éventail; et les deux dernières sont deux fois plus longues que tout son corps. Le mâle porte sur sa tête une petite huppe, où sont réunies toutes les teintes qui brillent sur ses ailes. Ses yeux sont noirs et étincellent de vivacité. Son bec, de la grosseur d'une aiguille, est long et un peu courbé. Sa langue, qu'il en fait sortir bien au dehors, lui sert à pomper, jusqu'au fond du calice des fleurs, la rosée qui les baigne, ou à gober les petits insectes qui s'y réfugient. Il se nourrit aussi de la poussière des fleurs d'orange, de citron et de grenade,

qu'il recueille en voltigeant comme un papillon, presque
toujours sans s'y reposer. Son vol est si rapide, qu'on
entend cet oiseau plutôt qu'on ne le voit. Le mouve-
ment de ses ailes produit un bourdonnement pareil à
celui des grosses mouches. Il se balance comme elles
dans l'air, et paraît quelquefois y rester immobile.

Il aime à suspendre son nid aux rameaux des oran-
gers, qui ne plient certainement pas sous la charge.
Ces nids, dont la forme est celle d'une demi-coque
d'œuf, sont construits avec de petits brins d'herbe
sèche, et tapissés d'une espèce de coton très-fine et
très-douce. La femelle ne pond que deux œufs, de la
grosseur d'un pois, qu'elle couve avec beaucoup de
soin et de tendresse. Quand les petits sont éclos, ils ne
paraissent pas plus gros que des mouches. Peu à peu
ils se couvrent d'un duvet aussi léger que celui des
fleurs, et bientôt après de plumes brillantes.

Lorsque le père et la mère s'éloignent pour aller
leur chercher de la nourriture, certains oiseaux qui
sont très-friands de la couvée veulent profiter de cette
absence pour saisir leur proie. Mais les parents sont
toujours au guet; ils reviennent prompts comme
l'éclair, poursuivent intrépidement l'ennemi de leur
jeune famille; et, lorsqu'ils peuvent l'atteindre, ils ont
l'adresse de se cramponner sous son aile, et le percent,
avec leur bec affilé, de mille blessures.

La manière de les prendre est de leur jeter une poignée de gros sable lorsqu'ils volent à une petite portée, ce qui les étourdit, ou de leur tendre des baguettes enduites d'une glu luisante. Les petits friands y volent avec avidité ; mais leur langue, leurs pattes et leurs ailes, s'y empêtrent ; et les chasseurs, qui les épient, les saisissent avant qu'ils aient pu se débarrasser.

Un voyageur raconte, à leur sujet, une histoire intéressante que vous ne serez sûrement pas fâchés d'apprendre. Je le devine par votre attention à m'écouter.

Un de ses amis, ayant pris un nid de ces oiseaux, les mit dans une cage à la fenêtre de sa chambre. Le père et la mère, qui voltigeaient de tous côtés pour les retrouver, ne tardèrent pas à les reconnaître. Ils vinrent d'abord leur apporter à manger à travers les barreaux. Bientôt ils se rendirent assez familiers pour entrer librement dans la chambre, puis dans la cage, puis pour manger et dormir avec leurs petits. Ils prirent enfin tant d'amitié pour le maître de la maison, qu'ils allaient quelquefois tous les quatre ensemble se percher sur son doigt, criant *screp*, *screp*, *screp*, comme s'ils eussent été sur une branche d'arbre. On leur faisait une bouillie de biscuit, de vin d'Espagne et

de sucre. Ils venaient y passer légèrement leur langue ;
et, quand ils étaient rassasiés, ils voltigeaient dans la
maison et au dehors, revenant à tire-d'aile au moindre
son de la voix de leur père nourricier. Il les conserva
de cette manière pendant cinq ou six mois, dans la
douce espérance d'avoir bientôt de nouveaux rejetons
de cette jolie famille ; mais, ayant oublié un soir d'atta-
cher la cage où ils se retiraient à un cordon suspendu
au plancher, pour les garantir des rats, il eut la douleur de ne les plus retrouver le lendemain à son
réveil.

On a trouvé le secret de leur conserver si bien,
même après leur mort, le vif éclat de leurs couleurs,
que les femmes du pays les portent à leurs oreilles en
guise de girandoles. Les dames de nos pays les portent
sur leurs chapeaux. On fait aussi de leurs plumes de
belles tapisseries et des tableaux charmants.

L'oiseau-mouche, ainsi nommé à cause de sa petitesse, est de l'espèce du colibri.

L'AUTRUCHE.

L'autruche tient parmi les oiseaux le même rang que l'éléphant parmi les quadrupèdes. Elle est la plus grande de toute la gente volatile. Sa hauteur égalerait celle de Henri, debout sur un cheval. Son cou est très-allongé, sa tête fort menue, l'un et l'autre couverts de poils au lieu de plumes. Ses yeux sont presque aussi grands que les nôtres, relevés d'une paupière mobile et garnie de cils. Son corps, dont la grosseur est loin de répondre à la grandeur de sa taille, est monté sur des cuisses sans plumes jusqu'aux genoux, et sur des jambes très-hautes qui se terminent en pieds de corne, semblables à ceux des chameaux, mais avec des griffes très-fortes.

La nature lui ayant donné des ailes trop courtes et des plumes trop molles pour pouvoir s'élever dans les airs, elle sait en user comme d'une voile pour accélérer sa course, aidée d'un vent favorable. Ces ailes sont armées, chacune à leur extrémité, de deux ergots qui lui servent de défense.

L'autruche est très-vorace, et se nourrit de tout ce qu'elle rencontre ; c'est de là que l'estomac d'autruche est passé en proverbe. Elle pond plusieurs fois l'année, et chaque fois douze à quinze œufs fort gros, qu'elle dépose dans le sable pour que le soleil les échauffe pendant la journée; le soir, à son tour, elle se charge de ce soin dans les pays où les nuits sont froides. La coque de ces œufs acquiert, avec le temps, une si grande dureté, qu'on la travaille comme l'ivoire, pour en faire des coupes très-solides.

Ces oiseaux se réunissent dans les déserts en troupes nombreuses, qui, de loin, ressemblent à des escadrons de cavalerie. Leur chasse est un des plus grands plaisirs des seigneurs de la contrée. Ils les poursuivent, montés sur des chevaux barbes de la plus grande vitesse, avec lesquels toutefois ils ne pourraient les atteindre, s'ils n'avaient la précaution de les pousser contre le vent, et de lâcher à leur trousse des lévriers pour leur couper le chemin, et les arrêter un peu. Elles font des crochets dans leur fuite, comme les lièvres.

Les chasseurs emploient quelquefois une ruse habile pour les attraper. Ils se revêtent d'une peau d'autruche, élèvent et réunissent leurs bras dans le cou, et le font jouer, ainsi que la tête et les autres membres, à la manière des véritables autruches. Celles-ci approchent, ou se laissent approcher sans défiance, et se trouvent prises à l'improviste.

La tête de ces oiseaux n'étant défendue que par un crâne très-mince, c'est cette partie qu'ils cherchent à mettre en sûreté, laissant le reste de leur corps à découvert, quand ils sont sur le point d'être atteints. Toute leur force est dans leur bec, dans les piquants du bout de leurs ailes, et surtout dans leurs pieds. Ils peuvent renverser un homme d'une ruade. On prétend même qu'en fuyant, ils lancent des pierres avec une extrême raideur.

Les autruches sont d'un naturel très-sauvage. Cependant, à force de soins, on vient à bout de les apprivoiser, et de les monter comme un cheval. On a vu une jeune autruche porter deux nègres à la fois sur son dos, avec plus de rapidité que le plus léger coureur des courses de Vincennes.

On teint les plumes d'autruche de diverses couleurs. On les prépare pour servir de parure à la coiffure des femmes, aux chapeaux des militaires, et aux casques des acteurs sur le théâtre, comme aussi pour orner l'impériale des lits, les dais d'église. Les plumes des

4.

mâles sont les plus estimées, parce qu'elles sont plus larges, plus épaisses, et qu'elles prennent mieux la couleur que celles des femelles.

Les plumes grisâtres qu'elles ont sous le ventre servent aux fourreurs pour faire des garnitures de robes et de manchons.

LES NIDS D'OISEAUX.

Regardez entre ces arbres, Charlotte. N'est-ce pas le petit Lubin que je vois venir à notre rencontre? Oh! c'est bien lui : je le reconnais à ses gambades. Il me paraît, à cette allure, qu'il a des nouvelles agréables à nous annoncer. Il porte quelque chose. Qu'avez-vous donc là, mon enfant? Un nid d'oiseau? Fi! comment dérober à ces pauvres créatures ce qui leur a coûté tant de peine et de travail! Les petits, dites-vous, s'en étaient déjà envolés. A la bonne heure. Henri, prenez doucement ce nid dans votre main, et regardez-le avec attention. Je vous dirai comment les oiseaux l'ont construit.

Deux d'entre eux sont convenus de vivre ensemble ;
car, s'ils ne peuvent pas s'exprimer comme nous, ils
savent fort bien se faire entendre l'un à l'autre. Ils
ont prévu que le printemps leur donnerait des petits ;
et leur premier soin a été de leur bâtir d'avance une
jolie habitation. Après avoir cherché sur les arbres ou
dans les buissons l'endroit le plus propre à s'établir,
ils ont commencé l'édifice par le dehors, entrelaçant
avec leur bec des brins de bois et de paille, et remplissant tous les vides avec de la mousse et du crin
ramassés dans la campagne. Ensuite ils ont tapissé
l'intérieur de légers flocons de laine, de duvet, de
plumes et de coton.

La femelle a pondu ses œufs sur ce lit douillet, et pendant quelques jours les a tenus constamment réchauffés
de la douce chaleur de ses ailes, tandis que le mâle
l'animait par ses caresses dans des soins si-tendres,
ou que, perché sur une branche voisine, il la réjouis-
sait de ses plus jolies chansons. Enfin les petits sont
éclos. Aussitôt leurs parents, pleins de joie, se sont
empressés de leur aller chercher de la nourriture, et
sont revenus en la broyant dans leur bec. Les petits,
entendant le bruit de leurs ailes, ont soulevé la tête,
se sont mis à crier tous à l'envi : *Chirp, chirp;*
comme pour dire : A moi, à moi. Aucun, grâce à

Dieu, n'en a manqué. Afin de les garantir de la fraîcheur des nuits, la mère a continué de les couvrir de
ses plumes, et dès l'aurore le père a volé leur chercher une nouvelle nourriture. Ainsi se sont comportés
ces tendres parents, jusqu'à ce qu'ils aient vu les petits
en état de se soutenir sur leurs ailes. Alors ils les ont
instruits à voltiger de branche en branche, puis à se
hasarder un peu dans les airs. Enfin, ils leur ont fait
prendre l'essor, pour leur indiquer les endroits où ils
trouveraient leur subsistance. C'est là que leurs soins
ont cessé. Leurs enfants n'en avaient plus besoin : ils
sont déjà aussi habiles qu'eux-mêmes. Vous les verrez
l'année prochaine construire aussi des nids à leur tour,
et faire pour leur jeune famille ce que leurs parents
viennent de faire pour eux.

Je sens toujours de l'indignation contre ceux qui
vont lâchement dérober des nids d'oiseaux, lorsque je
pense combien de voyages ont faits ces pauvres créatures pour rassembler tous les matériaux qui leur
étaient nécessaires, et quelle a dû être la difficulté de
leur travail, sans autres instruments pour bâtir que
leur bec et leurs pattes.

Nous n'aimerions pas à être chassés d'une bonne
maison bien close et bien commode, quoique peu
d'entre nous eussent l'adresse d'en construire. Mais

détruire les œufs et les jeunes oiseaux est encore
plus cruel; c'est une absurdité, puisque les oiseaux
détruisent une foule d'insectes qui mangent nos arbres
et nos moissons. Du reste, il est bon de rappeler qu'une
loi sage défend chez nous, sous des peines sévères, de
dénicher les jeunes oiseaux.

Quelques fermiers se plaignent que certains oiseaux
dévorent leurs récoltes : qu'ils les éloignent par des
épouvantails et des coups de fusil tirés en l'air.
D'ailleurs, il ne manque point d'oiseaux de proie, tels
que les éperviers et les milans, pour leur faire une
rude guerre. Ainsi je pense qu'ils ont assez d'ennemis,
sans les petits garçons. Pour moi, je ferais volontiers
le sacrifice d'une partie de mes fruits pour les payer de
leur musique et de leurs services; et je ne voudrais
pas tuer ce merle joyeux qui chante si gaîment dans le
verger, même quand il devrait manger toutes mes
cerises.

Vous avez un serin de Canarie dans votre cage,
Charlotte; j'espère que vous aurez soin de le tenir
propre et de le bien nourrir. Il n'a jamais connu le
prix de la liberté; ainsi il n'éprouve point le regret de
l'avoir perdue. Au contraire, si vous lui donniez la
volée, il mourrait peut-être de faim, faute de la nourriture qu'il aime. De plus, il ne pourrait pas résister aux

rigueurs de l'hiver, parce qu'il est d'une espèce qu'on a transportée d'un pays beaucoup plus chaud que le nôtre. Mais si vous preniez un pauvre oiseau accoutumé à voler dans les bois, à sautiller de branche en branche, à gazouiller dans l'épaisseur des buissons, il commencerait d'abord à se tourmenter, à se frapper la tête contre les barreaux de la cage. Enfin, lorsqu'il verrait qu'il ne peut sortir, il irait se tapir tristement dans un coin ; il refuserait de manger et de boire, jusqu'à ce que la faim et la soif l'y obligeassent à la dernière extrémité ; et il mourrait peut-être avant que d'avoir pu s'accoutumer à sa prison.

J'ai connu un petit garçon, très-bon enfant d'ailleurs, mais qui aimait tant les oiseaux, qu'il se servait de tous les moyens pour en avoir. Un jour, il venait de leur tendre des lacets et de leur dresser des trappes, lorsqu'on vint le chercher de la ville de la part de sa maman ; il partit aussitôt, oubliant, dans l'étourderie de son âge, d'aller défaire ses piéges, ou d'en parler à personne dans la maison. Il ne revint qu'au bout de huit jours ; et la première nouvelle qu'il apprit fut qu'un pauvre roitelet avait été malheureusement écrasé sous une trappe, et qu'une fauvette s'était cassé la jambe dans les nœuds d'un lacet. Dites-moi, je vous prie, mon cher Henri, si vous n'auriez pas eu bien de la

douleur, à sa place, d'avoir fait souffrir une fin cruelle
à deux si gentilles créatures, qui, loin de lui avoir fait
aucun mal, avaient peut-être cent fois réjoui ses yeux
par la légèreté de leur vol, ou charmé ses oreilles par
la douceur de leur ramage?

LES PAPILLONS, LES CHENILLES ET LES VERS A SOIE.

—

Après quoi donc courez-vous si vite, Henri? Oh!
c'est un papillon! Vous l'avez attrapé? Ne serrez pas
vos doigts, de peur de blesser la délicate et frêle créature. Vous croyez peut-être avoir pris un petit oiseau
qui n'a fait que voltiger toute sa vie? Non, non, il
n'en est pas ainsi. Tel que vous le voyez, si leste et si
brillant, il n'y a que peu de jours qu'il rampait à terre
sous la forme d'une chenille hideuse. En voici une.
Regardez-la de tous vos yeux. Ne découvrez-vous sur
son corps rien qui ressemble à des ailes? Non, sans
doute. Eh bien! cependant, elle viendra papillonner

un jour autour de cette fleur sur laquelle vous la voyez se traîner si pesamment aujourd'hui.

On compte plusieurs espèces de chenilles; mais je ne vous parlerai que des vers à soie, parce que c'est l'espèce dont l'histoire est la plus curieuse et la plus intéressante pour nous.

Les vers à soie, avant leur naissance, sont renfermés en de petits œufs, que l'on conserve dans un lieu sec jusqu'au retour du printemps. Alors on les expose à une chaleur douce, et l'on en voit sortir de petits vers grisâtres que l'on met tout de suite sur des feuilles d'un arbre qu'on appelle mûrier, qu'ils aiment de préférence pour leur nourriture. Ils grossissent fort vite; car, aussitôt qu'ils sont nés, ils se mettent d'un grand appétit à manger de ces feuilles, et ils en mangent tout le long de la journée. Au bout de neuf à dix jours leur peau se détache de leur corps, et ils paraissent beaucoup moins hideux avec leur robe nouvelle. Ils en changent trois fois encore, de sept jours en sept jours; et à la dernière, ce sont de jolis vers très-blancs, à peu près de la longueur et de la grosseur de l'un de vos doigts. Ils commencent bientôt à devenir jaunâtres et transparents, leur corps grossit et se ramasse, et ils cessent absolument de manger. C'est le temps où ils se disposent à se mettre à l'ouvrage. Ils grimpent le long des petits brins de genêt ou de bruyère qu'on plante autour d'eux en forme d'arcade, et attachent d'abord de tous côtés des soies qu'ils filent un peu grosses pour y suspendre leur coque. Ils en forment l'extérieur avec une espèce de bourre qu'on nomme fleuret; puis, au-dessous de cette enveloppe grossière, ils commencent leur véritable coque, en appliquant des fils plus déliés à cette bourre qu'ils foulent continuellement avec leur tête, pour donner à l'intérieur de leur édifice une forme ronde et de la capacité d'un œuf de pigeon. Dès le premier jour, ils se dérobent entièrement à l'œil, sous l'épaisseur de leur travail; mais la besogne n'est pas encore achevée. Il leur faut un ou deux jours de plus pour terminer en dedans leur ouvrage. Le dernier tissu qui les environne immédiatement est le plus difficile, car il est plus serré que l'étoffe la mieux fabriquée.

C'est de ces coques, appelées ordinairement cocons, que l'on tire d'abord le fleuret qui sert à faire la filoselle, et ensuite la soie employée dans nos ameublements et dans nos habits. Si nous venions à perdre ces insectes, il n'y aurait plus ni taffetas, ni satins, ni velours.

Pour retirer la soie, on jette dans l'eau bouillante tous les cocons, excepté ceux que l'on réserve pour

avoir des œufs, comme je vous le dirai tout à l'heure.
Les personnes accoutumées à ce travail en ont bientôt
trouvé le premier bout. Elles sont obligées de joindre
plusieurs brins ensemble pour en faire un d'une grosseur
raisonnable, et elles le dévident sur de petites bobines.
Croiriez-vous que chacun de ces fils a près de mille
pieds de longueur?

Je vous ai dit que l'on mettait à part les cocons
destinés à donner des œufs. Si vous en ouvrez un avec
des ciseaux, que pensez-vous que l'on trouve au-
dedans? Un ver à soie? Oh! non, rien qui lui ressemble du tout. On n'y trouve plus qu'une chrysalide,
c'est-à-dire un petit corps sans tête ni pattes qu'on
puisse voir. Vous le prendriez pour une fève desse-
chée. Cependant, si vous touchez une de ses extrémi-
tés, vous le voyez se remuer un peu; ce qui annonce
qu'il n'est pas mort. En effet, là-dessous est un papillon bien emmailloté, qui déchire ses langes au bout
de vingt jours, perce lui-même sa coque, et en sort
avec deux yeux noirs, quatre ailes, de longues jambes,
et un corps couvert d'une espèce de plumes. Le mâle
et la femelle font aussitôt leur petit ménage; et,
lorsque celle-ci a pondu ses œufs au nombre de quatre
ou cinq cents, ils meurent l'un et l'autre, laissant pour
l'année suivante une nombreuse famille propre à leur
succéder.

Vous voudriez élever des vers à soie, Charlotte? Je suis bien aise que vous puissiez étudier de vos propres yeux les merveilles opérées par la nature dans les métamorphoses, et le travail de ces insectes. Je vous laisserai volontiers la satisfaction d'en élever quelques-uns, et je me charge de vous instruire alors de tous les soins qu'ils demandent. Leur éducation entraîne beaucoup d'embarras dans les pays où l'inconstance des saisons exige qu'ils soient continuellement renfermés dans de grandes chambres. Il est des pays, au contraire, où ils naissent sur les mûriers, se nourrissent d'eux-mêmes, et filent parmi les feuilles. Ce doit être un joli coup d'œil de voir ces cocons briller au milieu de la douce verdure!

Les différentes espèces de papillons sont très-nombreuses; le nombre des espèces de chenilles est aussi grand, puisqu'il n'est pas un papillon qui n'ait été chenille, puis chrysalide, avant de prendre des ailes, comme je viens de vous le dire du papillon de ver à soie, qui a été lui-même une chenille.

Une chose bien digne de notre admiration, c'est l'instinct que la nature donne à toutes les chenilles de se former une retraite pour le temps où l'état immobile de chrysalide les exposerait sans défense à leurs ennemis. Les unes, à l'exemple des vers à soie, filent

des coques impénétrables, où elles s'enveloppent; les
autres se creusent sous terre de petites cellules bien
maçonnées; celles-ci se suspendent par les pieds de
derrière; celles-là se lient par une espèce de ceinture,
qui les embrasse et les soutient. C'est ainsi que, sous
une apparence de mort extérieure, tout leur corps travaille quelquefois pendant plus d'une année à prendre
la nouvelle forme qui doit renouveler leur existence,
en les faisant passer de la condition d'un ver obscur
qui rampe sous nos pieds à celle d'un oiseau brillant
qui voltige au-dessus de nos têtes.

Les variétés qu'on remarque entre les papillons les
ont fait partager en plusieurs classes; l'histoire de
chacun offre des particularités fort curieuses. Ces insectes, qui, sous leur première forme, ne nous inspi-
raient que du dégoût et de l'horreur, deviennent, sous
leur forme nouvelle, les objets de notre admiration, et
nous inspirent même en leur faveur une sorte d'intérêt. L'éclat des couleurs dont leurs ailes sont
peintes, les sucs délicats dont ils se nourrissent, le
bonheur dont ils semblent jouir dans le court espace
de leur vie, les métamorphoses par lesquelles ils sont
parvenus à cet état, tout en eux réveille des idées
gracieuses, et excite la curiosité sur une destinée aussi
singulière. J'espère que vous goûterez un jour autant

de plaisir que moi-même à vous instruire de tous ces détails intéressants.

Malheureusement, toutes les chenilles ne sont pas aussi utiles pour nous que le ver à soie; il en est même de très-nuisibles qui mangent les légumes de nos jardins, les feuilles et les fleurs de nos arbres, et jusqu'aux bois les plus durs. L'homme serait impuissant contre elles, s'il n'avait d'utiles auxiliaires dans les animaux et surtout dans les oiseaux, dont je vous parlais tout à l'heure.

Je vous aurais encore parlé de plusieurs autres animaux, dont l'histoire nous offrirait mille particularités admirables, tels que les castors, les fourmis, les abeilles, etc. Mais où pourrais-je m'arrêter, si je cherchais à vous peindre tous ceux qui doivent vous intéresser par leur instinct, leur forme et leur industrie? Ces détails m'entraîneraient trop loin des limites que je me suis tracées. C'est à regret que je me borne à vous les annoncer pour être un jour l'objet continuel de vos études et de vos plaisirs. Ce que je ne cesserai jamais de vous dire, c'est que, lorsque vous aurez pris du goût pour ces connaissances, rien ne pourra jamais vous paraître indifférent dans la nature.

Malgré la quantité prodigieuse d'animaux que nos yeux peuvent découvrir, il en est sans doute un plus

grand nombre encore de ceux que leur petitesse dé-
robe à notre vue. Toutes les feuilles des arbres, des
plantes et des fleurs, sont peuplées d'une infinité d'insectes invisibles ; il n'est peut-être pas un grain de
sable qui ne soit un monde pour ses habitants. Qui
sait si un ciron n'est pas un éléphant aux yeux d'une
foule d'autres créatures d'une taille inférieure?

Voici un microscope, c'est-à-dire un instrument qui
grossit les objets, comme le télescope les rapproche.
Charlotte, allez, je vous prie, me chercher ce vinaigre
que je tiens, depuis quelques jours, exposé au soleil.
Je vais en mettre ici une goutte. Approchez-vous, et
voyez. Doucement, Henri ; ce n'est pas tout d'être phi-
losophe, il faut encore être poli. Laissez regarder
votre sœur la première. A votre tour, maintenant. Eh
bien! ne découvrez-vous pas une multitude de petits
animaux qui s'agitent avec une extrême vivacité? Vous
voyez, par cet exemple, qu'une recherche attentive
peut nous faire pénétrer chaque jour de nouvelles
merveilles. Quand notre vie serait cent fois plus
longue, nous ne viendrions jamais à bout de découvrir
tout ce qui est digne de notre curiosité.

Que dit votre frère, Charlotte? qu'il souhaiterait
que ses yeux fussent des microscopes? Hélas! mon
cher enfant, vous ne savez guère ce que vous désirez.

Si vos vœux étaient accomplis, vous verriez, il est vrai, des choses très-surprenantes ; mais aussi ce que vous regardez maintenant avec plaisir deviendrait pour vous un objet de dégoût et d'horreur. Un homme vous paraîtrait si grand, que vous ne pourriez voir à la fois qu'une partie de sa taille ; un bœuf vous semblerait plus haut qu'une colline ; vous prendriez un ruisseau pour une rivière, un chat pour un tigre, une souris pour un ours ; vous seriez continuellement exposé à des méprises ridicules ou dangereuses. Croyez-moi, contentez-vous de ce que vos yeux peuvent vous faire aisément reconnaître ce qui vous est utile ou nuisible ; aidez-vous des instruments inventés pour suppléer à leur faiblesse dans les objets de pure curiosité, et surtout restez convaincus que *l'homme est bien comme il est*, pour jouir de tout le bonheur qu'il peut goûter sur la terre.

FIN.

TABLE.

—

FIN DE LA TABLE.

Rouen. — Imp. MÉGARD et Cⁱᵉ, rue Saint-Hilaire, 136.

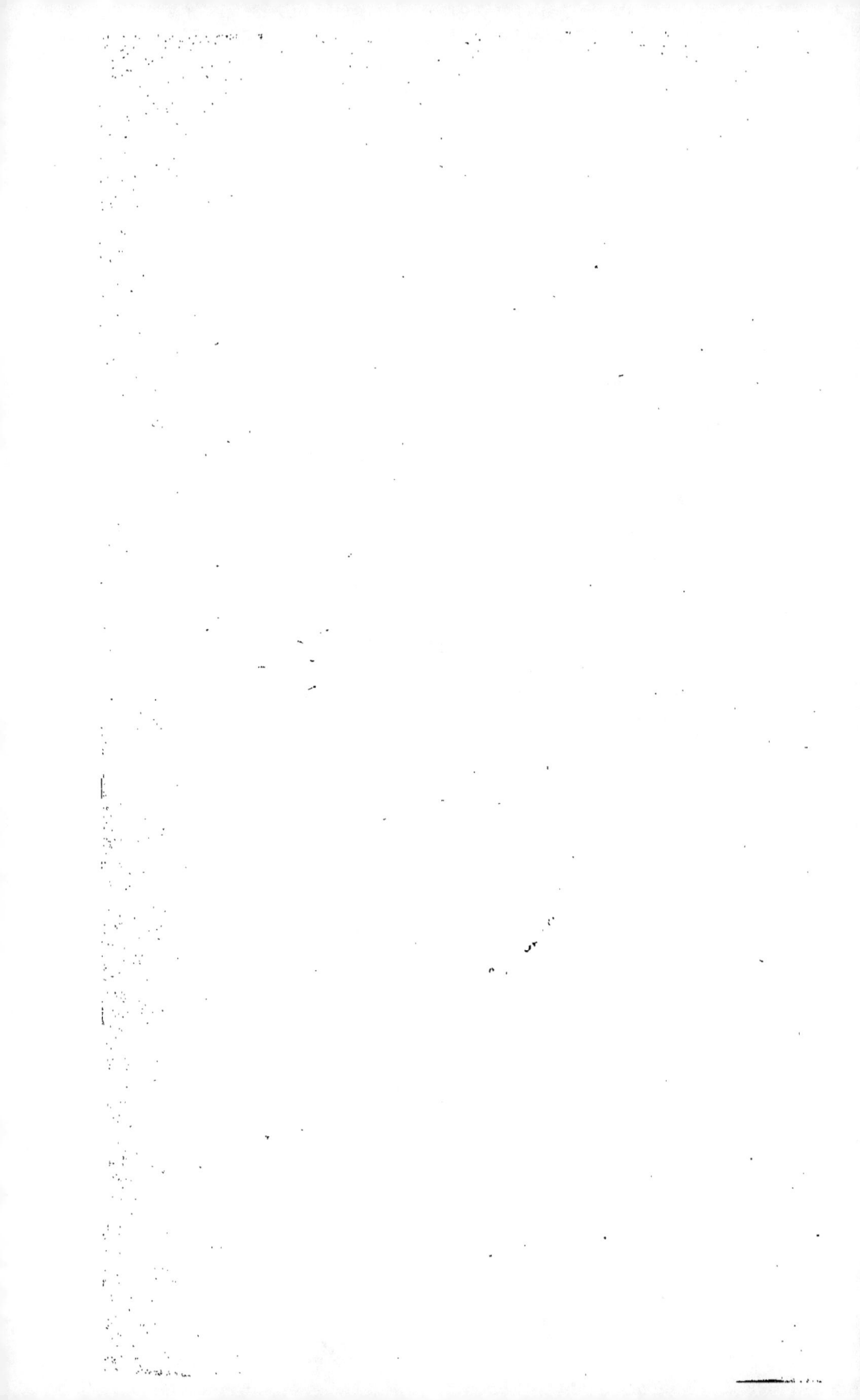

www.ingramcontent.com/pod-product-compliance
Lightning Source LLC
Chambersburg PA
CBHW050552210326
41521CB00008B/941